COURSE HUMORISTIQUE

AUTOUR DU MONDE

INDES, CHINE, JAPON

Cte DE GABRIAC

COURSE HUMORISTIQUE

AUTOUR DU MONDE

INDES CHINE, JAPON

ILLUSTRÉE DE HUIT GRAVURES SUR BOIS

PARIS

MICHEL LÉVY FRÈRES, ÉDITEURS

RUE-AUBER, 3, ET BOULEVARD DES ITALIENS, 15

A LA LIBRAIRIE NOUVELLE

1872

A S. M. I. LE SULTAN ABD-UL-AZIZ

SIRE,

Ayant été assez heureux pour parcourir plusieurs fois l'Asie, je me permets de dédier la relation de mes voyages à Votre Majesté Impériale, espérant rendre hommage à tout l'Orient dans la personne de son glorieux représentant.

Je suis, Sire, de Votre Majesté Impériale le plus dévoué serviteur,

Cte de GABRIAC.

TABLE DES CHAPITRES

CHAPITRE PREMIER

Le tour du monde est devenu aujourd'hui un des
voyages les plus aisés, grâce aux magnifiques bateaux
à vapeur qui sillonnent le globe. Autant je suis fier
des difficultés que j'ai eu à vaincre en traversant
les Cordillières et les forêts vierges de l'Amérique du
Sud, autant je le suis peu de la placidité bourgeoise
de mon voyage autour du monde. En revanche, j'ai
visité cette fois des peuples mille fois plus intéres-
sants à tous les points de vue.

Ainsi qu'on a pu le voir dans mon précédent ouvrage,
on ne rencontre plus guère dans l'Amérique méridionale
qu'une civilisation bâtarde, importée par les Espagnols
et qui n'a de curieux que l'excès même de sa médiocrité.
Il faut aller bien loin dans l'intérieur du continent pour

trouver quelques sauvages vraiment originaux et offrant un cachet particulier. La merveilleuse végétation des forêts qui couvrent tout l'immense bassin de l'Amazone est certes une des plus belles choses de la création, mais il ne faut rien chercher au-delà. En Asie, au contraire, la terre est desséchée, car elle a produit tout ce qu'elle pouvait donner. Depuis longtemps, les vieux arbres sont tombés et le pays semble aride et désert, mais les peuples qui l'habitent sont pleins de couleur locale et offrent le tableau des mœurs les plus bizarres et les plus variées.

Séduit par la poétique perspective sous laquelle l'extrême Orient se présentait à mon imagination, je résolus d'aller le visiter, et le 9 octobre 1868, je partais en compagnie de mon beau-frère, M. Phalen.

Le train que nous voulions prendre étant le dernier qui pût nous conduire à temps pour le départ du bateau, il nous importait extrêmement de ne pas le manquer ; aussi notre fiacre allait-il de plus en plus doucement. Charrettes, voitures des pompes funèbres, défilés militaires, rues barrées, enchevêtrement d'omnibus, rien ne manqua sur notre route.

Au moment où nous approchions de la gare, un énorme chariot se plaça en travers de notre véhicule et barra complétement la rue. Alors notre cocher interpella l'autre en hurlant sans aucune préparation oratoire :

« Mille millions de rosses ! comment voulez-vous que je passe ?

— Passez dessous, » répondit l'homme au chariot, d'une voix sépulcrale.

Ce mot me fit rêver, comme dirait le *Figaro*, et bientôt nous arrivions dans la salle d'attente, aussi chargés et non moins essoufflés que la famille de M. Périchon.

Le 10, nous nous embarquions à Marseille sur un paquebot de la Compagnie Péninsulaire et Orientale, ceux des Messageries impériales ne faisant pas, à notre grand regret, le service de Bombay.

Il est incontestable que si la marine anglaise est la première du monde, les paquebots affectés au service des voyageurs sont intérieurement moins bien aménagés que les nôtres. Celui qui nous conduisait en Égypte était encombré d'une masse énorme de personnes et l'on y était tout particulièrement mal traité. Dans les cabines, impossible de se faire servir par les domestiques, et, à table, on était si serré qu'il fallait manger de profil; bien heureux de tomber sur un lambeau de viande plus ou moins dur et toujours froid.

Dans le courant du troisième jour, nous passâmes victorieusement entre Charybde et Scylla. Tout le monde était sur le pont pour admirer le charmant panorama que présentait Messine, gracieusement assise à l'horizon sur des collines boisées.

Comme j'avais visité cette ville en revenant de Jérusalem, j'en fis la description à un brave Gascon qui venait de quitter, pour la première fois, les rives de la Garonne et qui ne savait où il était. Aussi m'inspira-t-il une véritable admiration, lorsqu'un instant après je le retrouvai pérorant au milieu d'une foule ébahie, à laquelle il expliquait avec amplification tout ce que je venais de lui apprendre.

« Voici le phare, » disait-il, en montrant un moulin à vent.

« L'église que vous voyez là-bas est la cathédrale, » et il indiquait une vieille caserne.

En vérité, on est heureux de posséder un pareil aplomb

et je suis sûr que mon Gascon finira par se persuader lui-même qu'il connaît Messine.

La traversée des Indes, quoique fort longue, n'est pas trop pénible, grâce aux escales intéressantes que l'on fait toutes les semaines : d'abord en Égypte, puis à Aden, Pointe-de-Galles, etc.

Aujourd'hui l'Égypte est si connue, que je crois inutile d'en parler longuement. D'ailleurs, dans ce voyage, mon intention étant de visiter spécialement l'Inde, je ne me suis arrêté que peu de temps à Alexandrie. Assez cependant pour refaire la promenade classique de la colonne de Pompée et revoir le bazar extra-pittoresque de la ville arabe.

C'est un spectacle toujours nouveau qu'offrent ces ruelles étroites aimées du musulman, ce fouillis insensé d'échoppes artistiques jusqu'à l'absurde, ces maisons garnies de *moucharabis* finement sculptés, et ces marchands drapés dans leurs guenilles comme feu la reine Cléopâtre pouvait l'être dans ses vêtements brochés de perles.

Des enfants gambadent tout nus dans la boue. Des femmes voilées glissent comme des ombres ou trottent sur de petits ânes, tandis que le vent gonfle leurs légers *burnous* noirs. Quelques juives étalent leurs magnifiques costumes brodés d'or, et des *saïs* courent pour écarter la foule à coups de bâton, en criant *wardah!* sur le passage de leurs maîtres, seigneurs d'un plus ou moins grand nombre de balles de coton. De petits âniers poursuivent leurs bêtes, les arroseurs portent de l'eau dans de noires peaux de bouc et inondent les passants. Enfin, tous demandent un *bachich* aux étrangers.

On rencontre aussi parfois des femmes vêtues de longues robes bleues foncées, à la démarche fière et noble,

taillées comme des statues antiques, — ce sont des
Cophtes, seuls descendants des anciens Égyptiens. Leurs
traits sont absolument semblables à ceux que l'on trouve
reproduits par les peintures des anciens sarcophages et
les bas-reliefs des monuments de Thèbes. Quant aux
Francs, Grecs et autres gueux qui n'ont d'Européen que
la redingote, ils jouissent d'une si médiocre réputation,
que le mieux est de n'en point parler. En somme, Alexan-
drie renferme de vrais sauvages et des gens doux, bien-
veillants et dociles; seulement les sauvages sont les Euro-
péens et les autres sont les Arabes.

Toutefois, c'est au Caire qu'il faut aller voir l'Égypte
moderne dans sa splendeur, car le quartier arabe
d'Alexandrie n'est pas très-étendu et le reste de la ville
devient de plus en plus cosmopolite. Pour être à la fois
arabe, égyptien et européen, il n'est ni arabe, ni égyp-
tien, ni européen.

Au retour de notre promenade, le ciel était pur et le
soleil ne faisant plus qu'un faible angle avec l'horizon,
donnait une lumière douce et orangée détachant gra-
cieusement les minarets et les coupoles des mosquées les
plus éloignées. Je croyais revoir Jérusalem dans le loin-
tain, puis je rêvais aux forêts embaumées de Jaffa et aux
délices de l'Orient, lorsque tout à coup, en traversant un
égoût décoré du nom de rue, je fus rappelé à la vie réelle
par un énorme panier d'épluchures qui me tomba sur la
tête ou plutôt, fort heureusement, sur mon vaste chapeau
de paille. Mon premier mouvement fut de chercher mon
revolver, car j'aurais éprouvé une véritable satisfaction à
tirer dans la fenêtre d'où venait cette averse, mais comme
on oublie toujours cette arme les jours où l'on en a
besoin, je ne la trouvai point et finis par me consoler.

Bientôt après ce triste événement, nous traversions en

chemin de fer le désert pierreux de Suez, qui offre une antithèse très-vive. On ne peut, en effet, s'empêcher d'être frappé en voyant ce merveilleux produit de la civilisation au milieu des plaines sauvages de l'Afrique.

On a ouvert depuis peu, entre Alexandrie et Suez, une ligne directe où le service est bien organisé, mais il n'en est pas de même pour celle qui va du Caire à Suez. En 1864, lorsque je la parcourus pour la première fois, on mettait six heures pour faire le trajet, et l'on ne trouvait aux stations que la poésie du désert et du fromage abandonné par les rats. Avertis que le départ se ferait à huit heures du matin, nous nous levâmes à des heures indues, mais à midi nous étions encore en gare. Je me souviens que cette excursion aurait été très-monotone sans un voyageur dont l'outrecuidance nous divertit fort. Par une chaleur de quarante degrés, il avait un costume de velours, un gilet de soie et un mouchoir de dentelles. Cet individu, étendu tout de son long dans notre compartiment, ne cessait de nous entretenir de ses hauts faits, et nous le prenions déjà pour un grand personnage ou pour son domestique, lorsqu'il nous déclara subitement qu'il était employé du chemin de fer. « Je reçois, disait-il, 400 francs par mois, mais je suis assujetti à un travail bien pénible — figurez-vous que je suis obligé d'aller deux fois par semaine du Caire à Suez ! Ces appointements sont ridicules. Il est vrai qu'ici personne n'est assez naïf pour prendre son billet au bureau; on s'adresse directement à moi, je le donne à moitié prix et je mets l'argent dans ma poche; de la sorte, tout le monde est content. »

Après ce discours, cet honnête employé se mit en devoir de faire sa fameuse tournée de billets, et pour ne pas compromettre la magnificence de son costume, il se déshabilla complètement, séance tenante, mit une veste de toile et sortit par la fenêtre.

Suez est un village du plus grand avenir, mais qui n'offre encore rien de remarquable par lui-même. Tout l'intérêt de cet endroit réside dans la superbe entreprise de M. de Lesseps, ce second roi d'Égypte.

La France doit être fière d'avoir produit l'homme de génie qui a entrepris et accompli cette œuvre de géant. A voir l'activité avec laquelle on pousse les travaux de l'isthme, il n'est pas douteux qu'ils ne soient terminés en 1869, ainsi qu'on l'a annoncé. Malheureusement les dépenses que l'on a été obligé de faire, forceront la Compagnie à élever beaucoup le prix des tarifs, et il est à craindre qu'un grand nombre de capitaines ne préfèrent doubler le cap de Bonne-Espérance. Rappelons-nous cette vérité si reconnue aux États-Unis : « Les entreprises fondées sur le bon marché sont celles qui produisent le plus. »

Le 17, nous nous embarquions sur le *Malta*, en partance pour Bombay. En quittant Suez, on aperçoit, sur la gauche, les contreforts du mont Sinaï, qui se détachent en rouge sur le ciel bleu. — La navigation sur la mer Rouge serait intéressante si l'excessive chaleur ne la rendait insupportable. Pendant presque tout le voyage, on aperçoit des falaises escarpées, sablonneuses et rougeâtres qui reflètent la lumière et la chaleur comme d'immenses miroirs concaves. Jamais le thermomètre ne descend au-dessous de 35 degrés, même la nuit, et parfois l'air est tellement lourd que l'on craint d'étouffer. Je n'avais jusqu'alors éprouvé cette sensation qu'au bord de la mer Morte. Dans les cabines, il était impossible de dormir; aussi, presque tous les passagers transportaient-ils leurs matelas sur le pont, afin d'y passer la nuit un peu plus fraîchement.

Je m'empresse de dire que les femmes étaient chaste-
ment séparées par une tente des autres voyageurs, car
ceux-ci prenaient quelquefois, dans leurs rêves, les attitu-
des les plus variées vis-à-vis de leurs couvertures, vérita-
bles ennemis sous cette latitude, et bien des yeux au-
raient pu être choqués.

Avant de s'installer ainsi, on se réunissait sur la du-
nette, et l'on fumait en causant. C'était le meilleur mo-
ment de la journée. Les mâts du navire, éclairés par la
lune, se balançaient sur le ciel et portaient à la rêverie.
On admirait les lueurs phosphorescentes de la mer et l'é-
clat des étoiles en pensant à ceux que l'on aime, car il
semblait qu'il y eut de l'amour dans l'air.

Cependant les commerçants parlaient de leurs affaires,
les jeunes filles de leurs espérances ou de leurs regrets, et
les touristes de leurs itinéraires.

Souvent on faisait de la musique. Des femmes chan-
taient à l'unisson, Mademoiselle E..... roucoulait ses
romances anglaises sans accompagnement, et M. Tirston-
bury gémissait lamentablement de l'accordéon; et dire
qu'il y a des gens qui se noient et que ce ne sont pas
ceux-là! Enfin, chacun se sentant pris d'un sommeil irré-
sistible, s'en allait d'un pas chancelant prendre son ma-
telas et conquérir la meilleure place possible, en évitant
presque toujours d'écraser la figure de ceux qui étaient
déjà étendus par terre.

Parmi les passagers se trouvaient M. Longfellow, fils
du célèbre poëte de ce nom. Il y était tout entier, moins
toutefois un de ses pouces et l'une de ses vertèbres qu'il a
égarés sur le champ de bataille, dans la guerre de l'Union
où il s'est distingué; ce qui ne l'empêche pas d'être un
intrépide cavalier et un chasseur émérite. Froid, mais

sûr, sérieux et intelligent, ce jeune homme offre toutes les qualités de la race américaine.

J'ai été assez heureux pour m'en faire un ami et un charmant compagnon de voyage pendant tout le temps que j'ai passé aux Indes.

Il faut sept jours pour se rendre de Suez à Aden.

Excepté l'extrême chaleur que l'on subit jour et nuit sur la mer Rouge, cette navigation est assez agréable, car on voit presque constamment la terre qui se présente par tous les angles; on rencontre une foule d'oiseaux, des poissons volants, etc.; enfin on est tenu en haleine par les précautions que l'on est obligé de prendre sans cesse pour éviter les écueils, si nombreux en ces parages.

Le détroit de Bab-el-Mandeb, que nous avons traversé par un temps superbe, est rempli de petits îlots qui se détachent admirablement sur le fond bleu de l'océan indien et rappellent la baie de Rio-de-Janeiro.

Nous n'arrivâmes que vers dix heures du soir au port d'Aden, qui est éloigné de plusieurs milles de la ville arabe, et ne renferme que des magasins de charbon et une misérable auberge de faible ressource.

On n'y trouve pas de chambres, mais seulement une salle commune, ouverte à tous les vents et qui n'en est pas moins étouffante, même pendant la nuit. Aussi, une foule de petits nègres, à l'air espiègle et à la gigantesque chevelure rouge frisée, viennent-ils harceler les voyageurs sous prétexte de les éventer avec de longues feuilles de latanier. On en a tout autour de soi, les uns s'accroupissent à vos pieds, d'autres tombent sur vous en se battant pour se mieux placer. Impossible de s'en défaire; vous en chassez cinq, il en revient dix, — il faut capituler. —

En vérité, j'aime mieux les moustiques, au moins n'est-on pas obligé de leur donner de bakchich.

Ce salon de rafraîchissement possède naturellement un billard ! l'éternel, l'indispensable billard.

J'ai remarqué, en effet, que dans presque tous les ports des pays éloignés, tels que Pernambuco, Baya, le Callao, Beyrouth, etc., on trouve une auberge unique, dénuée de tout confort et de toute couleur exotique, mais garnie d'un billard. C'est là que la plupart des voyageurs passent leur temps, fumant en manches de chemise et buvant de la bière, sans plus se soucier des pays où ils se trouvent que s'ils n'existaient pas.

Ceci m'explique pourquoi il est si difficile d'obtenir le moindre renseignement sérieux d'une foule de gens, et même de marins qui ont séjourné longtemps dans les pays les plus intéressants. Ils ont bien fait le tour du monde, mais ne se sont occupés que de leurs affaires.

J'ai rencontré, dans le cours de mes voyages, des commerçants qui avaient passé dix, vingt, trente ans dans un port de l'Inde, du Brésil, de la Chine ou du Pérou, y avaient fait fortune et retournaient en Europe sans avoir seulement visité les environs ou les curiosités de l'endroit.

Quant à nous, étant loin de faire fortune en voyageant, nous laissâmes nos compagnons jouer au billard, résolus à ne pas manquer cette occasion de voir Aden. Pour cela, il s'agissait de se procurer des chevaux et un guide, ce qui n'était pas facile à cette heure avancée de la nuit.

Les indigènes sont presque tous des nègres de la côte d'Afrique, appartenant à la tribu des Somâlis. On les distingue à leur énorme chevelure rouge qui les fait ressembler à de vrais démons. Ils obtiennent ce résultat en prenant la scélérate habitude de tremper leurs cheveux dans de la chaux vive.

C'est un de ces nègres qui s'offrit pour nous escorter.

Il faisait ce soir-là un clair de lune magnifique, et le désert aride et sauvage qu'il fallait traverser prit à nos yeux des couleurs fantastiques. Le silence était profond et l'on nous avait prévenus que le pays n'était pas sûr.

Il est certain que nous étions entièrement à la merci de notre muletier, espèce de bandit dont on nous avait recommandé de nous défier et qui pouvait aisément nous entraîner dans un guet-apens; mais il n'en fut rien et tout se passa le plus régulièrement du monde. S'il manqua cette occasion, il faut dire à sa décharge qu'il ne pouvait pas s'attendre à une pareille équipée nocturne.

Après une heure et demie de marche, nous arrivâmes aux fortifications que les Anglais ont établies au milieu d'une gorge de montagnes et entre des rochers à pic de l'aspect le plus sauvage.

Une sentinelle cria : « Qui vive! » et, suivant le conseil qui nous avait été donné, nous répondîmes : « *English officers*, » ce qui ne manque jamais son effet et coupe court à toutes difficultés.

Bientôt après nous entrions dans la ville, qui se déroule élégamment dans la plaine.

Quelques établissements anglais se présentent d'abord, l'habitation du commandant, les casernes, etc.; mais tout est fermé et chacun dort. Nous nous promenons dans les rues — partout même silence.

Cependant, la clarté extraordinaire de la lune, cette nuit-là, nous permet de distinguer suffisamment ce qui nous entoure.

Un fouillis de petites maisons s'entassent les unes sur les autres et ne doivent guère gagner à être vues en plein soleil. Elles sont peintes à la chaux, n'ont qu'un rez-de-chaussée garni de fenêtres grillées, et ressemblent aux modestes demeures des Arabes de l'Algérie.

Les habitants y étouffent tellement qu'ils ne peuvent y dormir pendant la nuit ; aussi la plupart d'entre eux sont-ils étendus par terre au milieu des rues. Enveloppés dans leurs manteaux, on pourrait les prendre pour de grosses chrysalides. Il nous fallait une attention continuelle pour éviter de les écraser.

Tout se passe ainsi à ciel ouvert, et l'on aperçoit, par-ci, par-là, des scènes de ménage on ne peut plus.... touchantes.

En flânant de la sorte, nous arrivâmes auprès d'un quartier dont l'aspect était étrange. Il était entouré de murs dont la seule ouverture était fermée par une palissade élevée qu'on ouvrit cependant en nous voyant. Nous étions dans le quartier des femmes, si toutefois l'on peut donner ce nom aux furies qui s'y trouvaient.

Des centaines de femelles grouillent avec leurs enfants dans une série de petites maisonnettes distinctes les unes des autres et donnant sur une grande place, mais elles n'ont pas le droit de dépasser l'enceinte du terrain qui leur est alloué.

Toutefois, lorsqu'un homme y pénètre, il devient en quelque sorte leur propriété; toutes se jettent sur lui. Les unes le prennent par les bras, les autres par les jambes; elles se roulent à ses pieds, le supplient de venir chez elles. Les plus grossières veulent vous y forcer à coups de poing, mettent vos vêtements en lambeaux et vous écartèleraient si chacune ne s'attaquait de préférence à votre bourse.

Le quartier d'Haymarket est un chaste couvent comparativement à celui d'Aden. Il y avait là des femmes

arabes avec leurs burnous blancs qui flottaient au vent,
des négresses, des Somâlis, des Anglaises, des Indiennes
et toutes les variétés de l'espèce. Il aurait été intéressant
de les étudier un peu plus à fond, mais leur manière
d'agir était si brutale qu'il fallut quitter la partie de crainte
de recevoir quelques mauvais coups, sans pouvoir nous
défendre.

Depuis ce jour, l'histoire de Joseph et de son manteau
m'a paru vraisemblable.

Cependant il s'agissait de découvrir l'auberge dont on
nous avait parlé, et il ne nous fallut rien moins qu'une
heure de marche pour trouver ce hangar, où il ne restait
pas un seul hamac disponible. Nous étions donc dans la
douloureuse alternative de coucher à la belle étoile,
comme les indigènes, ou bien de retourner au paquebot
à deux heures du matin !

La crainte des opthalmies nous fit adopter ce pis-aller
et nous fîmes à nouveau la route déserte dont j'ai parlé
plus haut, mais avec moins de plaisir que la pre-
mière fois.

Arrivés près de la mer, il fallut trouver un bateau
pour nous conduire à bord, ce qui ne fut pas chose aisée ;
enfin, vers trois heures et demie du matin, nous étions de
retour dans notre cabine.

Comme on faisait du charbon, on avait fermé les
hublos et sabords afin d'empêcher l'intérieur du navire
d'en être saupoudré, et je compris surtout cette nuit-là
la nécessité de cet usage.

En effet, mon compagnon, ne pouvant plus respirer,
trouva le moyen de dévisser la fenêtre de notre cabine et
se rendormit sans la refermer. Le lendemain, à notre ré-
veil, nous nagions dans une pâte de charbon ; — nos
malles ouvertes en étaient remplies, l'eau transformée

en encre et nos livres devenus illisibles par l'introduc-
tion de cette poudre impalpable entre chaque feuillet.
C'était à se noyer de désespoir, car il est difficile de dire
l'effet d'un pareil spectacle sur un homme nerveux.

En attendant le moment du départ, une foule de *Somâlis*
vinrent autour de notre bateau pour essayer de vendre
les produits bizarres de leur industrie. Les uns présen-
taient des paniers, des éventails, des punkas et toutes
sortes d'objets nouveaux à force d'être primitifs ; d'autres
apportaient des bananes, des ananas et autres fruits tro-
picaux ; mais les plus curieux étaient les plongeurs. Tous
nageaient d'une manière merveilleuse, et se tenaient per-
pendiculairement dans l'eau pendant des heures en agi-
tant seulement les jambes. Ils plongeaient au fond de la
mer chaque fois qu'on y jetait la plus petite pièce de mon-
naie, et la rapportaient toujours victorieusement entre
leurs dents, ainsi d'ailleurs que je l'avais vu faire aux
nègres des îles du Cap-Vert et aux Arabes de Beyrouth.

Ce qui était plus remarquable, c'était de les voir passer
sous la quille de notre bâtiment, et retrouver la sus-
dite pièce de l'autre côté. Toutefois, ils ne se livraient à
cette haute école que pour une pièce blanche que l'on
avait soin de leur montrer d'avance.

CHAPITRE II

Vers midi, le cri du cabestan annonça qu'on levait
l'ancre, et un moment après nous étions lancés à travers
la mer des Indes.

Nous y trouvâmes avec plaisir une chaleur beaucoup
plus modérée que dans la mer Rouge. Étendus dans de
grands fauteuils de jonc disposés sur le pont, nous lisions
huit heures par jour, et, au bout d'une semaine de navi-
gation, nous nous arrêtions au milieu du magnifique
port de Bombay.

Aussitôt nous fûmes accostés par une foule de petites
barques montées par des nègres, des Européens, des Ma-
lais, des Chinois ou des Parsis, mais aucune ne renfer-
mait d'Indous, leur religion leur défendant de s'aventurer
sur la mer.

Après la visite de la santé et de la police, le pont fut envahi par la foule bariolée dont je viens de parler, composée en grande partie de portefaix médaillés qui se chargèrent de transporter nos bagages à domicile, sans que nous eussions à nous en occuper. — Ce service se fait aux Indes plus régulièrement et avec plus de facilité qu'à Londres.

Quant à nous, un quart d'heure de barque au travers d'une nuée de bâtiments de toutes sortes et une demi-heure de tilbury dans les faubourgs et les jardins de Bombay, nous conduisirent à Bayculla-Hôtel qui passe pour le meilleur de la ville.

Cet établissement, fondé et soutenu par une Compagnie anglaise, est dirigé par des Parsis et servi par des Indous.

Les chambres sont de simples alcôves, placées dans une même salle, et les cloisons qui les séparent n'ont que 3 mètres de hauteur, de sorte que le plafond est commun pour tous. Le but de cet arrangement est de donner le plus d'air et de fraîcheur possible, mais il est fort incommode en ce que l'on n'est jamais chez soi. — On entend tout ce que dit le voisin, et en revanche, on ne peut pas se quereller à son aise dans son intérieur !

On ne sert personne à la carte; mais dans une immense salle à manger une table d'hôte est préparée, matin et soir, pour une centaine de personnes.

De fort belles pièces de viande, des poulets, des œufs frits, des montagnes de riz au curry ou de pommes de terre cuites à l'eau encombrent la table; enfin, le thé coule à flot de tous côtés, sans faire préjudice au claret et au Xérès dont tout bon Anglais ne saurait se passer.

Mes commensaux étaient presque tous des officiers de

passage ou des commerçants, gens au nez rouge, occupés de leurs affaires et parlant peu.

Derrière la table, se pressait une quantité de domestiques indous, vêtus de longues robes blanches serrées à la taille par de larges ceintures aux couleurs vives, et portant pour coiffure de vastes turbans qui leur donnait l'air le plus majestueux. Tous ces hommes se tenaient immobiles et silencieux; ils paraissaient professer un tel respect pour leurs maîtres, qu'il ne leur restait le temps de faire aucune autre chose.

En me mettant à table, je m'attendais à faire un repas homérique; mais, au bout d'un quart d'heure, voyant que l'on ne m'apportait rien, j'appelai plusieurs fois l'un de ces Indous qui finit par s'ébranler et vint se mettre derrière moi comme la statue du commandeur.

« Apportez-moi quelque chose, dis-je, il est bien temps. » Mais il répondit par un profond salamalek, et retourna reprendre son immobilité première.

Stupéfait et voyant qu'il n'y avait rien à tirer de ce gaillard-là, je m'adressai à un autre qui ne comprit pas un mot de ce que je lui disais, quoique je m'évertuasse à lui parler tour à tour anglais et indostani.

Pani ne veut pas dire pain, comme un vain peuple pourrait le supposer, mais bien eau, et *rôti* signifie pain. En ajoutant *laô* (donnez-moi), à chacun de ces substantifs, on a deux petites phrases : *pani laô* et *rôti laô*, que je recommande aux amateurs qui désirent ne pas mourir de faim aux Indes.

Cependant, cette profonde science me fut inutile dans le cas présent; car mon interlocuteur me répondit : « *Mi Bengali mi no speek indostani.* »

Un troisième fantôme m'affirma, par Vischnou, qu'il n'était là que pour passer au suivant ce qu'on lui apportait.

Un autre m'assura qu'il était échanson, et qu'il perdrait sa caste s'il sortait de ses fonctions. Ce ne fut qu'à la fin du repas, lorsque l'on eut tout avalé, que j'appris comment j'aurais pu dîner. En effet, à défaut de plats, j'entamai..... la conversation avec mon voisin (naturaliste dévoué qui se rendait à la Nouvelle-Zélande afin d'y étudier certaines souris d'une espèce particulière). Cet honnête homme, étant dûment repu, m'ouvrit son cœur, et je fus édifié sur les usages de l'endroit.

Les personnages dont je viens de parler sont bien les domestiques de l'hôtel, mais ils ne se considèrent pas comme tenus de faire le service des personnes qui s'y trouvent. Si donc l'on ne veut pas éprouver le supplice de Tantale, il faut avoir un homme à soi qui ne vous quitte pas et va chercher les choses dont vous avez besoin au fur et à mesure que vous les lui demandez.

Chose caractéristique : dans toutes les salles à manger de l'Inde, on remarque un *punka*, espèce d'éventail rectangulaire, suspendu au plafond dans toute la longueur de l'appartement, et qu'un petit moricaud agite sans cesse au moyen d'une corde. Les uns sont en toile élégamment ruchée ou garnis de dentelles ; d'autres sont tout bonnement en feuilles nattées ; mais tous répandent une fraîcheur dont on ne saurait se passer un seul instant.

Du matin au soir on entend à Bayculla-Hôtel des détonations étourdissantes ; il n'en faudrait pas tant à Paris pour faire croire à une révolution. Mais ce ne sont pas des coups de revolver qui font ce tapage ; il s'agit de simples bouteilles de sodas ou de limonade bouchées à la vapeur, dont on verse le contenu dans de grands verres à moitié remplis de glace. On ne saurait se figurer la quantité de cette rafraîchissante boisson qui se consomme dans l'Inde. On ne peut faire un pas, entrer dans une maison ou l'approcher sans qu'un petit garçon armé d'une fiole et de son bouchon menaçant, ne se présente en glapissant : « *Bilati pani sâb — bilati pani,* » c'est-à-dire : eau d'Angleterre, seigneur — eau d'Angleterre. Ce qui fait le principal mérite de ces sodas, c'est la glace qu'on y ajoute, car elle rend la vie par la chaleur accablante qui vous étouffe jour et nuit sous ce climat meurtrier. En aucun pays la glace ne se rencontre en telle profusion ; elle arrive par mer des Etats-Unis en si grande quantité qu'on la donne pour rien dans les hôtels. — Puisque je suis sur le chapitre intéressant de la gastronomie, je signalerai une particularité assez curieuse. Les assiettes dont on se sert aux Indes sont munies d'un petit trou par lequel on verse de l'eau bouillante dans un double fond. La chaleur qu'on leur communique ainsi est nécessaire pour balancer l'influence réfrigérante du punka. Cette ouverture pratiquée sur le côté est habituellement fermée ; mais un jour on servit à un étranger, par inadvertance, une assiette que l'on avait oublié de boucher. Celui-ci se figura que cet orifice était destiné au sel et en mit trois ou quatre fois sans jamais parvenir à le remplir. Cette innocente distraction fit beaucoup rire ses voisins à ses dépens.

Pour terminer ce qui a trait à Bayculla-Hôtel, je dois lui rendre cette justice que l'on n'y est guère dérangé par les serpents, et que, sous ce rapport, l'on peut y dormir en toute sécurité. On prétend, en effet, que ces animaux, très-nombreux aux environs de Bombay, s'introduisent souvent jusque dans les maisons. Un voyageur m'avait raconté aussi qu'en arrivant dans cette ville, la première chose qu'il avait vue était un serpent, qu'il en avait trouvé un autre dans son bain, et le troisième dans son lit. Mais je suis porté à croire que ce voyageur avait eu une chance

exceptionnelle, car pour ma part, je n'ai pas même
aperçu le plus petit scorpion, malgré le soin que je pre-
nais chaque soir de visiter mes effets et surtout mes
draps avant de me coucher.

A défaut de serpents, la ville de Bombay renferme en-
viron trois cent mille habitants. Les Anglais y occupent
un quartier spécial qui n'offre rien d'intéressant pour les
voyageurs.

On y trouve de vastes places tirées au cordeau, des
rues qui rappellent celles de Londres, le palais du gou-
verneur, des casernes, divers bâtiments de ce genre et
d'immenses magasins. Ces établissements, qui se ressem-
blent tous, renferment une foule d'objets de toutes sor-
tes, mais on ne peut jamais y découvrir ce que l'on
cherche.

Les commis anglais, sachant que l'on a absolument
besoin d'eux, s'y montrent d'une indifférence si navrante
qu'elle étonnerait même un Brésilien.

Voulez-vous une paire de gants, — impossible de
mettre la main sur un gantier; mais on vous indiquera
facilement une de ces vastes boutiques universelles. Là,
vous vous promenez, une heure, deux heures, entouré
d'habillements tout confectionnés, de chaussures diver-
ses, de chapeaux de toutes formes entassés pêle-mêle
avec des photographies, des fioles d'encre rouge, des
boîtes à couleur ou de sardines, du fromage de gruyère,
du cognac extra-fin, des accordéons, des pipes, des
bibles, du savon et du calomel. Il y a peut-être aussi des
gants, mais c'est à vous de les découvrir si vous le pouvez.

Le quartier anglais est séparé du reste de la ville par
une esplanade plus étendue que notre Champ-de-Mars
et complétement dépourvue d'arbres. Son importance,
en cas de révolte, est facile à comprendre; mais si elle

peut être des plus favorables à la promenade des boulets
de canon, elle est fort désagréable à traverser en plein
soleil.

La ville indoue est immense. Les rues sont généralement
bien percées, les maisons élevées et régulières. Plusieurs
sont garnies de balcons soutenus par des solives sculp-
tées, contournées d'une manière très-élégante et peintes
en rouge et en vert. Presque toutes ont au rez-de-
chaussée des salles ouvertes directement sur la rue, qui
servent à la fois d'ateliers aux ouvriers et de boutiques
aux marchands. Il est rare d'y voir, comme à Damas et
au Caire, un grand luxe d'étalage, les Indous ayant l'ha-
bitude de ne travailler que sur commande, surtout s'il
s'agit d'un objet d'une certaine valeur.

Les rues sont perpétuellement envahies par une foule
bariolée des plus agitées. Les Indous ont, comme on sait,
la peau d'un beau brun chocolat ; il en est qui sont aussi
noirs que des nègres, mais leurs traits sont absolument
semblables aux nôtres. Leur costume, qui diffère suivant
les localités, est superbe à Bombay. Là seulement on
voit ces immenses turbans, qui renferment 40 à 50 mè-
tres d'étoffes. Ils ont presque le diamètre d'un parasol,
et sont aussi majestueux qu'utiles contre le soleil. Il y
en a de toutes couleurs, mais les blancs et les rouges do-
minent. Le reste du costume est des plus simples ; il se
compose d'une large houppelande qui descend jusqu'à
terre, croisée et serrée à la taille par une ceinture de
couleur voyante.

Les Parsis se distinguent des Indous par un horrible
chapeau en toile cirée de la forme d'un long shako sans
visière et mis en sens inverse.

Quant aux femmes, elles glissent comme des ombres,
la tête et les épaules enveloppées de leur *sahri*, espèce

de voile semblable à ceux de nos religieuses, mais souvent de couleur éclatante et orné d'une frange dorée.

Les Musulmanes seules portent des pantalons qui sont très-collants, et d'un effet déplorable, parce qu'elles ont, comme toutes les femmes indoues, les jambes d'un grêle invraisemblable. Les autres se contentent d'un simple pagne en soie ou en toile, passé entre les jambes et légèrement flottant.

Mais ce qu'il y a de singulier (à notre point de vue) dans leur costume, c'est que leur petit corsage ne couvre que la partie supérieure du corps et laisse à nu le dessous des seins et la plus grande partie du ventre. Si cette mode nous paraît bizarre, en revanche elle permet de voir des formes arrondies et charmantes. Ces femmes sont toujours surchargées de larges anneaux de cuivre ou d'or, qu'elles portent aux bras, aux oreilles et au nez.

Elles ont toutes de magnifiques yeux noirs et de luxuriantes chevelures d'ébène ; malheureusement la bouche, trop fendue, détruit l'harmonie de l'ovale.

En somme, malgré ses défauts, le costume des Indous est cent fois plus gracieux que le nôtre parce qu'il est naturel.

« Quoi de plus déplorable, ainsi que le dit très-bien le prince Soltikof, quoi de plus déplorable que le costume grotesque de nos femmes, comparé aux admirables draperies du vêtement antique des Indous, dont la nature elle-même forme les plis et dont la réminiscence semble avoir inspiré les artistes de la Grèce et de Rome aux plus belles époques de l'art ancien. »

Les femmes de 12 à 16 ans, alors dans le plus grand épanouissement de leur beauté, se fanent avec la rapidité des roses; mais, à cet âge, on ne peut rien rêver de plus poétique et de plus charmant. Ce sont elles qui inspiraient Valmiki lorsqu'il disait dans le *Ramayana*, il y a trois mille ans : « A ton aspect on rêve de pudeur, de splendeur, de félicité et de gloire on pense à *Lakchimy*, l'épouse de *Vischnou*, ou à *Rati*, la riante compagne de l'amour. De ces divinités laquelle es-tu, ô femme à la séduisante ceinture !... »

CHAPITRE III

Le lendemain de notre arrivée, je me rendis chez le gouverneur de la province de Bombay, sir T. Fitz Gerald, pour lequel mon cousin lord Malmesbury m'avait donné des lettres de recommandation. Je le trouvai à quelques milles de la ville, dans son élégant cottage de *Malabar-Point*, — heureux de pouvoir passer un ou deux mois loin de son palais de Bombay, au milieu d'un bois de cocotiers, au bord de la mer, et de respirer un air dont la température ne s'élève qu'à 30 degrés par un effet spécial de la divine providence.

Sir T. Fitz Gerald nous a donné, par son charmant accueil, un avant-goût de l'admirable hospitalité anglaise, hospitalité qui ne s'est jamais démentie dans tout notre voyage dans l'Inde, et que nous avons retrouvée à tous les degrés de l'échelle sociale, depuis le gouverneur général jusqu'aux plus petits sous-lieutenants.

Nous étions invités à dîner presque tous les jours à

Malabar-Point, et cela nous permettait de nous mettre en rapport avec les divers fonctionnaires du pays.

Nous y trouvâmes entre autres un Parsi fort obligeant, qui nous fit voir les principaux temples de la ville. Ceux-ci, construits en belles pierres blanches, sont générale-ment peu élevés et garnis de galeries rectangulaires qui circonscrivent un dôme pointu. Ce dôme, en forme de mître, donne à ces temples un cachet tout-à-fait par-ticulier. Au-dessous se trouve l'idole principale, représen-tant sous une forme plus ou moins bizarre, une des incar-nations de Brahma ou de Vischnou. C'est tantôt un bœuf, tantôt un paon, un singe ou quelque être fantastique armé de huit bras.

Ces temples, d'ailleurs beaucoup plus curieux à Béna-rès, étaient traités légèrement par notre Parsi, et il se hâta de nous conduire au temple du feu, qui était le sien, et par conséquent le seul raisonnable à son point de vue.

Après avoir gravi de nombreux escaliers de granit, em-bellis de plusieurs monstres de marbre de toutes couleurs, nous vîmes un bâtiment carré, soutenu par des colonnes, au centre duquel était une flamme que l'on entretenait perpétuellement.—C'était la déesse.—Une foule de Parsis se prosternaient devant elle et semblaient l'adorer. Ce-pendant, il ne faut pas s'y tromper, ce culte est moins absurde qu'on pourrait le croire. En effet, un Parsi que nous plaisantions d'adorer ainsi le feu, nous répondit : « Ce n'est pas le feu que nous adorons, nous n'adorons que Dieu, mais nous trouvons que cette flamme, vivante et pure, qui nous anime et nous réchauffe, est la plus belle image de la divinité et vaut mieux que les statues des idolâtres. »

Parmi les établissements de Bombay, un des plus sin-guliers, est un hôpital exclusivement réservé aux animaux. Il me semble que l'homme pourrait se prévaloir de son titre de bipède sans plume pour s'y faire admettre, mais il paraît que cette condition ne suffit pas. Cette étrangeté n'aurait pas surpris cet Américain qui, dernièrement, vient de léguer sa fortune aux chats de la ville qu'il habitait, afin qu'on leur construisît un hôtel, et que l'on mît à leur disposition des médecins et surtout des musiciens chargés de leur jouer de l'accordéon, leur instrument favori.

Pour bien comprendre ce qui a rapport aux Indiens, il faut connaître l'organisation de leur société.

Les Indiens se divisent en quatre castes parfaitement distinctes : les Brahmes, les Kchattryas, les Vaicyas et les Çoudras ou Parias.

Les Brahmes, sortis de la tête de Brahma, s'attribuent les fonctions et les priviléges de la noblesse et du clergé.

Les Kchattryas, sortis du bras de ce créateur, sont les guerriers (la prosaïque Europe les appelleraient simplement messieurs les militaires).

Quant à la cuisse de Brahma, elle n'a pu fournir que des cultivateurs, ce sont les Vaicyas. Enfin, les Parias, tirés de son pied, sont des esclaves essentiellement chargés des fonctions les plus viles.

La distance qui sépare la première classe des autres est si tranchée, qu'un Brahme se croirait déshonoré en touchant un Çoudra, et mourrait de faim plutôt que de manger un repas préparé par l'un d'eux.

La plupart des habitants sont très soignés dans leur toilette, seulement il en est qui, par excès de dévotion, se couvrent de bouse de vache, espérant se sanctifier par le contact d'une matière provenant de l'animal le plus sacré, une des principales incarnations de Vischnou.

Généralement, ils se contentent de s'enduire le front et

le visage de cette substance, qui ne tarde pas à blanchir;
mais les plus dévots, tels que les fakirs, en sont litté-
ralement inondés.

Ceux-ci se promènent souvent entièrement nus et
accomplissent les vœux les plus absurdes. Il en est qui
jurent de garder la main fermée pendant dix ans. Il en
résulte que les ongles traversent leur chair et y déter-
minent des plaies dégoûtantes. D'autres font serment de
ne jamais baisser l'un des bras ou de garder un silence
éternel. On en rencontre sur les chemins qui ont entre-
pris de faire le pélerinage de Bénarès à cloche-pied.
J'en ai vu un à Bombay qui m'a particulièrement frappé.
Il était à genoux dans un coin de la cour d'un vaste
temple; les prêtres de l'endroit lui avaient construit un
petit toit de paille afin de l'abriter des rayons trop ar-
dents du soleil. Ce fakir avait fait vœu, non pas de se
laisser mourir de faim, mais de ne rien faire pour
l'apaiser, de sorte qu'il mourrait si on ne lui introdui-
sait de force des aliments dans la bouche.

Ce malheureux était d'une maigreur effrayante, et
ressemblait à un véritable squelette; on pouvait aisé-
ment compter ses côtes, malgré l'horrible badigeon qui
lui servait de seul vêtement. Il avait les yeux baissés, ne
quittait jamais son humble posture, et disait son cha-
pelet en marquant chaque invocation d'un balancement
d'arrière en avant. La foule se précipitait pour le voir
et le couvrait d'aumônes, qui enrichissaient le temple et
le collége des Brahmines; mais il était certainement de
bonne foi, et à coup sûr, l'argent qu'on lui donnait ne
lui profitait guère.

Assurément il y a parmi ces fakirs un grand nombre
de jongleurs qui spéculent sur la crédulité du peuple,
mais il y en a aussi qui sont parfaitement convaincus

de la sainteté de leurs pratiques et de la vérité de leur religion; témoins ceux d'entre eux qui renoncent volontairement à des richesses, souvent considérables, et se condamnent à toute une vie de privations. Il en est qui se jettent sous le char de leur divinité favorite afin de se faire écraser pour lui plaire et la rejoindre dans le nirvana. D'autres font plus en se faisant eunuques, sacrifice inouï, chez les brahmes surtout, qui peuvent si facilement se procurer toutes les femmes qu'ils désirent, ainsi qu'on le verra plus loin.

Ceux qui opèrent cette castration sur leurs enfants, sont, à la vérité, moins vertueux, mais, dans ce cas seulement, elle peut être subie sans danger de mort.

Certains fakirs obtiennent un résultat analogue en suspendant, durant de longues années des poids de plus en plus lourds aux muscles qu'ils désirent affaiblir. Ils obtiennent ainsi une impuissance complète et promènent alors avec orgueil leur horrible nudité.

Mais laissons les fakirs et suivons l'excellent docteur Bhau-Dadgi qui, sur une simple lettre de recommandation de l'un de ses amis, veut bien nous présenter à un brahme nommé *Ramchunder Luxumouji,* qui donne ce soir une *natch* en l'honneur de la naissance d'un sien petit-fils.

La natch est, comme on sait, une danse de bayadères, et il s'agissait cette fois d'une natch de première classe. Nous arrivâmes vers dix heures dans un vaste salon éclairé par une quantité de candélabres gigantesques. Le long des murs se trouvaient des divans sur lesquels étaient étalés une foule de brahmes, revêtus de riches costumes artistement brodés d'or, et se tenant immobiles et sérieux comme des juges.

Pas une femme, bien entendu, celles-ci étant con-
finées dans leurs appartements d'où elles pouvaient
écouter de loin le bruit de la fête.

Le parquet était recouvert de nattes blanches d'une
grande finesse, sur lesquelles les convives se tenaient
assis les jambes croisées. Tous avaient eu soin de
retirer leurs chaussures à la porte de la maison, les
barbares de l'Occident s'attribuant seuls le privilége
d'entrer dans les appartements avec des souliers qu'ils
viennent de traîner dans la boue. Les Européens
trouvent tout naturel de s'introduire ainsi dans les
plus jolis boudoirs et de maculer les tapis les plus
élégants; mais cet usage, qui n'est que malpropre chez
nous, devient intolérable en Orient où l'on s'asseoit
par terre et où l'on baise le sol à tous moments dans
les prières et les cérémonies. — En conséquence,
nous avions toujours soin de nous conformer aux
usages du pays, pensant que nous devions bien cette
concession à ceux qui nous invitaient.

Lorsque chacun fut installé, le maître de la mai-
son vint nous offrir du bétel et des fragments de
noix d'arek enveloppés dans de légères feuilles d'or.
On passa des plateaux couverts de fleurs et de fruits,
puis on nous aspergea d'essence de rose avec des
aiguières d'argent au goulot étroit. Celles-ci ne lais-
saient échapper qu'un mince filet de ce précieux li-
quide qui retombait sur les convives comme une
légère rosée.

Enfin, au milieu du salon, se trouvait un brûle-par-
fums en vermeil, représentant une fleur dont les pétales
étaient mobiles et recouvraient les plus suaves aromates
de l'Asie. De temps en temps, on en jetait une pincée

sur un réchaud enflammé, et aussitôt l'appartement se
remplissait d'un nuage embaumé.

Bientôt les bayadères entrèrent suivies de leurs musi-
ciens et s'assirent sur un petit tapis carré, placé au
centre du salon. L'un jouait du *saranqui,* espèce de
viole d'amour primitive, aux sons de hautbois, doux mais
sauvages ; l'autre grattait avec une plume une longue
guitare appelée *tamboura,* faite avec une calebasse, et
en tirait des sons érotiques et agaçants ; enfin, le dernier
marquait le rhythme sur deux caisses sourdes, nommées
tarabouks, avec l'impitoyable régularité des Indiens de
l'Amérique du Sud.

Voici un des airs les plus appréciés des Indiens et que
l'on appelle *Lalla-Rouka* (les Joues roses).

La régularité de la batterie et la monotonie même de
cette musique magnétisent et finissent par produire une
certaine ivresse qui ne manque pas de charme.

LALLA-ROUKA

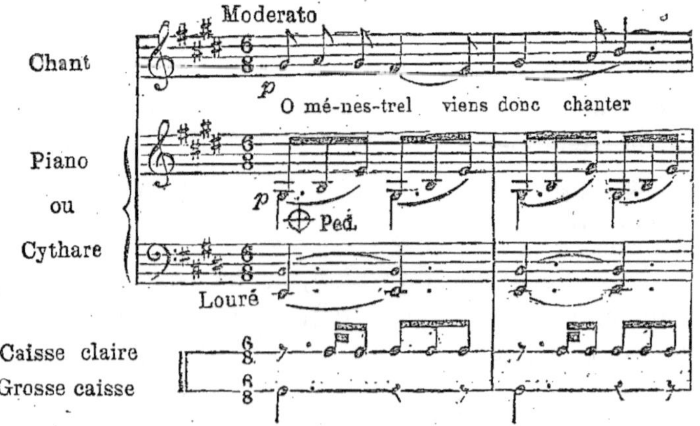

O mé-nes trel viens donc chanter
Et me donner tes
etc. jusqu'à la fin
longs bai-sers.
Et me donner tes longs— baisers.
Ta-za-ba ta— za no ba no.
Ta-za-ba ta— za
no ba no,
Ta-za-ba ta— za no ba no

La principale bayadère était jolie, bien faite, svelte, élancée et eût été charmante, si elle avait eu les bras et les jambes moins grêles.

Son sahri noir et or, rejeté en arrière, dégageait sa figure et ne couvrait qu'à demi son ondoyante chevelure d'ébène. Au milieu de son front, tombait gracieusement un bouquet de perles blanches; elle en avait aussi aux oreilles et sur le côté gauche du nez. Son petit corsage de satin brodé d'or, ne cachant, suivant l'usage, que le haut de la gorge, laissant voir des seins arrondis et une taille fine et souple comme la tige d'une fleur. Des pantalons d'étoffe foncée, appelés *pedjamas*, soutenus par une ceinture de drap d'or, étaient réunis aux chevilles par des anneaux d'argent et une jupe courte de cachemire rouge, frangé de méandres noirs, distinguait essentiellement son costume de celui des almées du Caire.

3

Enfin, une quantité de bracelets et d'anneaux volumineux et sonores étaient entortillés autour de ses jambes et de ses bras, de sorte que le cliquetis en était étourdissant.

Outre ces ornements, elle avait encore des bagues à tous les doigts des pieds et des mains.

Telle était la bayadère ou *natch walla* qui se leva subitement devant nous au milieu du salon.

Derrière elle, se tenait sa mère, vieille femme à l'air farouche, à l'œil torve, droite et sèche comme un hareng.

Son costume noir et rouge rappelait celui de Méphistophélès, et son long sahri écarlate rehaussait la dureté de sa physionomie.

Cette vieille, responsable sans doute du succès de la soirée, ne cessait de harceler, du regard, les musiciens et emboîtait le pas de sa fille qu'elle suivait dans tous ses mouvements comme son ombre ou plutôt comme son spectre, tout en chantant à tue-tête à l'unisson des saranquis.

D'une main, elle rejetait en arrière son atroce sahri rouge, et de l'autre elle maniait vivement un éventail destiné à rafraîchir et à ranimer son élève épuisée.

La chorégraphie des bayadères consiste en un piétinement cadencé et des balancements du corps longs et lascifs, accompagnés de gestes qui expriment l'amour dans toute sa poésie ou dans toute sa frénésie. Celle qui danse devant nous, ondule et se tord avec tous les signes d'une passion exaltée. Sa tête se renverse, ses yeux meurent, tout son corps frémit. On dirait un serpent amoureux.

Pendant toute la durée de cette danse, notre bayadère et sa mère chantent d'une voix sauvage et mélancolique des airs monotones du genre de *Lalla Rouka*. Seulement, plus la sorcière hurle et s'agite, plus sa fille affecte de langueur, de nonchalance et de morbidesse voluptueuse.

Ces filles, nées pour l'amour, le respirent par tout leur être, et rien n'est plus attachant que ces danses orientales.

Ce qui est singulier, c'est que les *natch girls* les plus effrontées trouvent la valse des Européens très-indécente, et ne peuvent comprendre que des femmes du monde tourbillonnent publiquement dans les bras de leurs cavaliers.

Quant à elles, lorsque grisées de leur propre danse, elles paraissent comme affolées et semblent avoir abandonné toute retenue, on serait fort mal reçu en s'avisant de les toucher du bout du doigt en public.

Notre amphitryon, qui s'était constamment montré pour nous d'une exquise politesse, avait eu la délicate attention de nous faire préparer, dans une salle spéciale, un excellent souper européen. La table était couverte de bouquets de fleurs, d'ananas gigantesques, de pyramides de bonbons les plus recherchés et de glaces préparées avec des fruits du pays, qui par cette chaleur tropicale, nous rendaient la vie. Enfin, le champagne et les meilleurs vins coulaient à flots. Bref, nous avons été très-touchés de l'accueil que l'on nous a fait, et nous nous sommes retirés enchantés de cette charmante fête.

CHAPITRE IV

Le docteur Bhau-Dadji, que j'ai nommé plus haut, est un
des hommes les plus remarquables de l'Inde, et il est
trop connu de tous ceux qui ont habité ce pays pour que
je n'en dise pas quelques mots.

Cet Indou, de la caste des brahmines, au lieu de se
contenter du bénéfice de sa naissance, s'est consacré à
l'étude, et est devenu un des hommes les plus savants
du monde.

Également versé dans la littérature et dans les sciences,
il s'est fait recevoir docteur de la Faculté de médecine de
Londres ; il parle couramment l'anglais, le français, l'in-
dostani, le persan et le sanscrit. Enfin, il a beaucoup
voyagé, beaucoup lu, et réfléchi sur toutes choses ; c'est
dire à quel point sa conversation était instructive pour
nous.

Sa peau, assez claire, n'était que légèrement bronzée ; —
sa magnifique tête était toujours garnie d'un turban co-

lossal qui lui allait fort bien. Grand, bien fait, noblement drapé dans sa longue robe blanche, je n'avais jamais vu un homme plus beau et d'une allure plus distinguée.

Le docteur Bhau-Dadji voulut absolument nous servir de cicerone, et c'est avec lui que nous avons visité les environs de Bombay.

Un matin, nous partîmes pour l'île d'Éléphanta qui renferme le fameux temple de ce nom.

Le gouverneur de Bombay avait eu la bonté de mettre à notre disposition son yacht à vapeur, de sorte qu'en une heure nous parvînmes au bord de cette île, aussi remarquable par sa forme pittoresque et la magnifique végétation qui la couvre, que par les souvenirs antiques qui s'y rattachent.

Nous y fûmes accueillis par une troupe de misérables parias qui, à force d'être traités en sauvages, le sont devenus véritablement. Toutefois, je dois dire que pour l'usage que nous en voulions faire, ils nous furent infiniment plus utiles que les hommes les plus nobles, car il s'agissait de traverser à pied sec la boue qui nous séparait du rivage, et sur laquelle nos barques ne pouvaient s'aventurer. Chacun de nous enfourcha donc un paria qui, moyennant quelques *couris*, le déposa sain et sauf sur la berge voisine.

L'île d'Éléphanta est uniquement habitée par ces malheureux parias, que les Indous de castes supérieures méprisent souverainement et ont confinés dans cet endroit comme des lépreux dans un lazaret.

Cependant le docteur Bhau-Dadji leur parla avec bonté, puis leur distribua des remèdes et des aumônes. Mais ce qu'il y a de particulier, c'est qu'ils acceptèrent ses cadeaux sans le remercier et lui tournèrent le dos sans même le saluer.

Cette habitude, chez les membres de cette caste, tient
à ce qu'ils ne croient pas qu'on puisse les obliger sans ar-
rière-pensée. D'ailleurs, ces Indous, prodigues de saluts,
ne le sont pas de reconnaissance, et il est à noter que le
mot « merci » n'existe pas dans leur langue.

Tandis que nous gravissions lentement un escalier d'un
kilomètre, envahi par mille lianes entrelacées dont nous
ne pouvions nous dépêtrer, le docteur Bhau-Dadji herbo-
risait, distinguant autour de lui une foule de plantes dont
les graines ou les fleurs pouvaient servir de remèdes à des
maladies réputées incurables en Europe.

Les serpents, paraît-il, sont aussi très-nombreux dans
cette île, mais je ne sais trop quelle est leur utilité, et
pourquoi Noé s'est donné la peine d'en mettre une col-
lection si variée dans son arche.

Au sommet de cette colline, nous nous trouvâmes su-
bitement en face des fameuses grottes d'Eléphanta. Ce
temple monolithe, entièrement creusé dans un seul ro-
cher, est une des plus grandes merveilles de l'Inde.

On ne sait pas exactement à quelle époque il a été
construit, mais celle-ci est à coup sûr antérieure à l'ère
chrétienne.

Il se compose de plusieurs vastes salles soutenues par
d'énormes colonnes carrées, et présente l'aspect le plus
grandiose. Les parois de cette excavation sont recouver-
tes de gigantesques bas-reliefs grossièrement travaillés,
mais où l'on distingue les principaux mystères de la re-
ligion brahmanique.

Quoique ce temple ait été spécialement dédié à Sciva,
le panneau principal faisant face à l'entrée, est garni de
trois grandes statues se tournant le dos et qui représen-
tent le *Trimourty*, c'est-à-dire la trinité indienne.

Au premier aspect, on croit voir un veau à trois têtes,

mais en regardant bien on finit par reconnaître les trois grands dieux de l'Inde : *Brahma, Sciva* et *Vischnou.*

Le premier est le créateur, le second le destructeur, et le dernier le conservateur.

On a réservé à Vischnou un sanctuaire spécial, au centre duquel se trouve le symbole qui le représente dans son principal attribut, celui de propagateur de la race humaine. C'est le *lingham,* ou emblême de la reproduction, que l'on retrouve partout, dans tous les temples et même dans toutes les maisons de l'Inde. Quoique sa signification soit délicate à expliquer dans un pensionnat de jeunes filles, cette sculpture n'a rien de blessant à l'œil.

C'est un tronçon de colonne fixé dans une vasque. On en voit de toutes les dimensions, mais celui d'Eléphanta, taillé dans le granit, a la grandeur d'une énorme meule de moulin.

A Bombay, les femmes qui veulent se marier ne mettent point d'épingles dans le pied de Saint-Christophe, comme les paysannes de Bretagne, mais elles vont s'asseoir sur le lingham de Vischnou.

Parmi les images qui tapissent les murs de ce temple, on remarque celle de *Ganisch,* vulgairement appelé *Gonnpouti,* dieu cher aux Indous, et dont la tournure a positivement quelque chose de très-sympathique.

Ce dieu, fils de Sciva, et doué des qualités les plus brillantes, naquit malheureusement sans tête. Alors, son père, très-contrarié de ce contre-temps, ordonna qu'on lui apportât celle du premier individu qui se présenterait. Or, la première personne que le messager rencontra fut celle d'un éléphant ; il lui coupa la tête et vint immédiatement la placer aux pieds, je veux dire sur le cou du jeune Gonnpouti. Voilà pourquoi ce dieu est toujours représenté avec une énorme trompe, qui d'ailleurs n'enlève rien à la bienveillance de sa physionomie.

Après avoir tout examiné dans le plus grand détail, nous allâmes nous reposer quelques instants sur le lingham, au risque de nous marier tous dans l'année. Pendant ce temps, on déballa des paniers de provisions qui renfermaient des jambons, des poulets, des fruits, de jolies bouteilles de Champagne dont la vue était réjouissante, et enfin un énorme bloc de glace soigneusement enveloppé dans des couvertures de laine, trésors inappréciables par la chaleur qui nous accablait.

Lorsque tout fut préparé, grâce aux soins obligeants du docteur Bhau-Dadji, celui-ci disparut et alla manger un peu de riz et quelques graines derrière la statue de Brahma.

On sait, en effet, que les brahmes ne peuvent, sans se déshonorer, s'asseoir à la même table que les Européens, et surtout consommer de la viande, car celle-ci a pu appartenir à une incarnation de Vischnou.

Assurément le docteur était trop intelligent pour avoir de pareils préjugés, mais il devait agir ainsi sous peine de perdre sa caste et son crédit aux yeux de toute la ville, et même de ses propres domestiques.

En somme, le temple d'Eléphanta est extrêmement intéressant et encore fort beau, malgré les efforts que les Portugais ont faits pour le détruire lorsqu'ils étaient maîtres de la partie occidentale de l'Inde.

Ces Vandales, voulant anéantir jusqu'à la trace des religions du pays, cherchèrent à démolir ce temple, mais leurs efforts furent impuissants, et s'ils réussirent à briser quelques colonnes, ils ne purent même pas accomplir leur œuvre de destruction !

Les temples monolithes sont nombreux dans l'Inde ;

on cite celui d'Ellora comme le plus remarquable et le mieux conservé, mais on en trouve de fort curieux sans sortir de la province de Bombay. L'île de Salcette, notamment, renferme les grottes de *Kanhéri* que nous n'avons pas manqué d'aller visiter.

Dans cette dernière excursion, nous avons dû employer tous les modes de locomotion.

Partis le matin en *gari*, nous avons bientôt échangés ces voitures indigènes contre des chevaux, afin de pouvoir traverser une épaisse forêt qui n'est percée que par un étroit sentier; puis, il nous a fallu mettre pied à terre pour gravir l'immense rocher à la partie supérieure duquel on a creusé, il y a plus de deux mille ans, le temple de Bouddha.

Sur le côté droit du péristyle, ce personnage est représenté par une statue gigantesque, taillée dans le roc.

Chose remarquable, ce temple a exactement la forme et la dimension de nos églises chrétiennes, moins le transept, bien entendu. C'est un long vaisseau soutenu par deux rangées de colonnes qui séparent la grande nef des bas-côtés ; puis, au centre du chœur, on a placé un petit autel en forme de demi-sphère qui renfermaient autrefois des reliques de Bouddha.

Il semble donc que les architectes européens ont construit les premières églises sur le plan des monuments indous.

La montagne de Salcette, entièrement granitique, est criblée d'une foule de cellules creusées jadis par les ascètes qui venaient s'y recueillir et vivre dans la retraite et la méditation, à l'exemple de leur maître.

Plusieurs sont ornées de bas-reliefs qui figurent des modèles d'anachorètes. Ces fakirs idéals sont tous représentés entièrement nus, et d'une maigreur effrayante; mais ce qu'il y a de particulier, c'est qu'à première vue, on les prendrait pour des gardiens de quelque sérail, tout ce qui est charnel en eux étant supposé atrophié par suite de l'abstinence rigoureuse à laquelle ils ont dû se livrer depuis longtemps!

Cependant, le jour baissait et l'on nous engagea beaucoup à reprendre le chemin de Bombay, la forêt que nous avions à traverser étant remplie de tigres qui deviennent dangereux après le coucher du soleil. Nous nous hatâmes donc de partir et quelques heures après nous étions de retour à Bayculla-hôtel.

Telle fut la manière dont nous passâmes notre temps à Bombay et dans ses environs. Toutefois, nous ne voulions nous acheminer définitivement vers les bords du Gange, qu'après avoir vu les principales villes de la province où nous étions, au moins dans un rayon d'une centaine de lieues. Aussi, après avoir pris congé du docteur Bhau-Dadji, du gouverneur sir T. Fitz Gerald, et de toutes les personnes aimables qui avaient bien voulu faciliter nos excursions, nous partîmes pour Pounah, voulant profiter du chemin de fer que les Anglais ont établi dans cette direction. Ce chemin de fer est extrêmement intéressant à étudier, car il traverse victorieusement la chaîne du Ghauts, une des montagnes les plus élevées de l'Indoustan. On est arrivé à résoudre ce difficile problème en donnant à la voie ferrée la forme d'un zig-zag dont les branches sont très-rapprochées. A chaque angle, on s'arrête, puis on repart dans le sens inverse, traîné par une locomotive très-puissante. La route est des plus pittoresques, et jamais je n'ai rencontré dans une même journée, pareille quantité de tunnels, ponts et viaducs vertigineux.

Pounah est une des villes les plus anciennes de l'Inde, ce qui ne l'empêche pas d'être une des plus pauvres. Le bazar renferme une foule de petites échoppes ouvertes sur la rue, et au-devant desquelles on a placé des nattes en guise d'étalage. Les marchands y passent les trois quarts de leur temps étendus au soleil, et semblent attendre que la fortune leur arrive en dormant ou plutôt en fumant.

Sciva est très en honneur à Pounah; on l'y adore sous la forme d'un épouvantable monstre qui ressemble à un homard grossièrement sculpté, et recouvert du vermillon le plus éclatant. On en voit partout et de toutes grandeurs, à tous les coins de rues, sur les maisons et jusque sur les bornes! Je n'ai remarqué aucun édifice méritant le nom de temple, mais dans presque tous les carrefours, vous rencontrez des hangars de bois qui recouvrent des idoles monstrueuses, quelquefois de la grandeur d'un bœuf et toujours peintes en rouge. Devant elles, des brahmes brûlent des parfums, récitent des oraisons et reçoivent les aumônes que les passants déposent dans une sébile spéciale, vaste tirelire où les païces entrent aisément, mais dont ils ne peuvent plus sortir.

Une journée passée à flâner dans cette petite ville nous a suffi et, le soir, nous sommes allés dîner dans une auberge établie près du camp anglais. Nous y avons trouvé une table d'hôte assez confortablement servie, autour de laquelle fonctionnaient silencieusement une dizaine d'officiers en proie au *spleen* le plus navrant. Aucun ne dit un traître mot durant tout le temps du dîner.

CHAPITRE V

Le lendemain, nous retournions à Bombay, et bientôt après nous partions en chemin de fer pour Baroda, situé une centaine de lieues vers le Nord.

La route que l'on parcourt dans ce trajet longe le golfe de Cambaye, ne traverse que des pays plats et n'offre aucun intérêt.

Baroda est la capitale de l'un des Etats les plus considérables du Radjapoutana.

Cet État est soi-disant indépendant, mais les Anglais ont installé auprès du souverain indigène un officier qui, sous prétexte de l'aider de ses conseils, prend la haute main sur tout ce qui se passe.

Cet agent, en apparence simple chargé d'affaires, se contente du titre modeste de *résident*, mais en réalité, c'est un surveillant sévère, sans l'autorisation duquel l'on n'oserait rien faire d'important.

En considération des lettres du gouverneur de Bombay, le colonel Barr, qui remplit ces fonctions à Baroda, nous fit un charmant accueil et voulut nous installer immédiatement chez lui, mais comme il y avait un *bungalow* dans les environs, nous avons préféré y descendre, afin d'être plus libres.

Les établissements de ce genre se composent d'une pièce centrale, servant de salon ou de salle à manger, et de deux chambres attenantes, munies chacune d'une natte placée sur un lit de rotin, d'un escabeau et d'une table, plus (je ne saurais l'oublier) une salle de bain ornée d'une cuve que l'on a soin de tenir toujours remplie d'eau.

Toutefois, on ne trouve guère autre chose, et il ne faut jamais se mettre en route sans avoir un petit matelas, un oreiller, une couverture, une cuvette et surtout une collection de serviettes.

Un homme, généralement quelque vieux cipaye invalide, est chargé d'entretenir cette espèce de caravansérail et d'y élever un poulailler dans le criminel but de tordre le cou à une poule chaque fois qu'un voyageur se présentera.

La chair coriace de cette volaille et du riz au *curry*, sont d'ailleurs les seuls aliments que l'on puisse attendre en voyageant dans l'Inde; mais on est bien heureux de les trouver. Ce qui rend l'invention des bungalow inappréciable, c'est que l'on est sûr d'en rencontrer à toutes les étapes, quelle que soit la direction où l'on aille.

Malheureusement, les Anglais ont une telle horreur de

qu'ils appellent la *saleté native*, qu'ils ont toujours le
is grand soin d'établir leur bungalow et leurs habita-
ns aussi loin que possible des villes. Il en résulte que
l'on ne vient exprès pour voir le pays, et si l'on ne se
nne beaucoup de peine pour cela, on peut voyager dix
s dans l'Inde, de bungalow en bungalow, sans voir une
ile ville indienne. Toutefois, nous n'étions pas très-
)ignés du cottage du *résident*, où nous dînions presque
is les jours, et grâce auquel nous avons été traités en
inces durant tout notre séjour.

Le colonel Barr ayant annoncé notre visite au souve-
n de Baroda, qui porte le titre de *Gouaïcor*, celui-ci
us donna rendez-vous le lendemain à cinq heures du
itin, afin que nous puissions ensuite l'accompagner
ns une chasse qu'il projetait de faire aux environs.

En conséquence, à quatre heures du matin, il nous
voya une voiture attelée de quatre chevaux, ornée de
isieurs domestiques en robes rouges, et précédés de
ureurs qui éclairaient la route avec des torches.

Nous traversâmes ainsi au grand trot une avenue de
nians de plusieurs milles de long, sur laquelle on avait
helonné, de distance en distance, quelques centaines de
dats, en notre honneur, et vers cinq heures et demie,
ius arrivâmes au palais du Maha-Radja. Ce palais, en-
uré de ses dépendances et des casernes attenantes, a
viron la grandeur du Louvre, mais il est bâti nouvelle-
ent et n'a pas grand cachet architectural. Pendant que
Gouaïcor s'apprêtait, on nous fit attendre dans un petit
din taillé symétriquement et rempli de mille fleurs
x couleurs éclatantes. Deux longs bancs étaient placés
rallèlement; nous nous assîmes sur l'un d'eux, avec le
and-vizir, tandis que les autres ministres et les gens de
cour se mirent sur l'autre; enfin plusieurs interprè-

tes restent debout, leurs fonctions les obligeant à courir sans cesse des uns aux autres. Le premier ministre était revêtu d'un magnifique costume en soie verte brochée d'or, et portait dans sa vaste ceinture de brocart, des armes superbes, qui sont un des principaux produits du pays.

On sait, en effet, que les sabres de Baroda sont connus pour la finesse de leurs lames et l'élégance de leurs poignées généralement en argent niellé d'or, et du travail le plus exquis.

Un homme attira particulièrement notre attention; c'était un grand gaillard à moustaches grises, à la grosse figure niaise et épanouie. Il souriait à chaque instant d'un air stupide qui voulait être narquois.

Ce personnage était (fort heureusement) recouvert d'une robe blanche et d'un immense turban rose ! C'était le page du Gouaïcor. Tout à coup, on entendit un roulement de tambour, les troupes se mirent sous les armes, un frémissement parcourut l'assemblée : c'était le Maha-Radja, roi de Baroda.

Sa Majesté était en tenue de chasse : guêtres, veste et culottes de drap marron, le tout fort râpé, ce qui produisait un singulier effet au milieu de sa somptueuse cour. — Le fait est qu'il ne pouvait pas trouver un meilleur costume pour se distinguer. Aussitôt que le grand-vizir nous eut présenté, il nous dit quelques mots gracieux, demandant des nouvelles de notre santé et le but de notre voyage ; mais, en passant par la bouche de deux interprètes, ses paroles nous parvinrent sous cette forme peu encourageante :

« Qu'êtes-vous venus faire ici? Avez-vous des maladies? »

Je fis répondre que nous étions venus de Paris spécialement pour avoir l'honneur de voir Sa Majesté, ce qui parut lui être très-agréable. Après cette intéressante conversation, il voulut bien nous proposer de l'accompagner à la chasse aux antilopes, ce que nous acceptâmes avec empressement.

Au milieu de nombreux soldats, rangés comme pour une revue, et d'une foule de curieux, s'effectua pompeusement notre départ. Cinq chars à bœufs étaient placés en ligne les uns derrière les autres.

Le Gouaïcor conduit lui-même le premier, poussant ses bœufs à coups de canne, comme un roi mérovingien. Il a derrière lui un léopard attaché sur un siége spécial.

Nous nous installons dans le second char, les autres invités dans les deux suivants, et les serviteurs dans le dernier.

Nous parcourons ainsi péniblement des terrains sablonneux, enfonçant à chaque instant jusqu'au moyeu; mais toute notre attention est fixée sur le léopard du Radja. Ce petit tigre appartient à l'espèce appelée *chitta* dans le pays; il a les yeux bandés et est dressé comme un faucon, de sorte qu'il est fort peu dangereux. Cependant sa langue pend, et il tourne sans cesse sur lui-même d'un air menaçant, tandis que sa queue ondule au vent.

A peine avons-nous fait une demi-heure de marche, que nous apercevons à une grande distance une bande d'une dizaine de *black-buck*, espèce d'antilopes aux formes les plus élégantes. Impossible de les approcher à portée de fusil, surtout du train dont nous allons; mais, à l'instant, on débande les yeux du chitta qui s'élance comme une flèche à la poursuite de l'un de ces animaux. Tous deux courent avec une vitesse vertigineuse; mais le léopard affamé gagne du terrain et finit par atteindre le pauvre cerf, qu'il terrasse et égorge d'un seul coup de patte. Alors immobile, la queue droite, les oreilles dressées, il suce la plaie qu'il vient de faire, et s'enivre de sang avec une avidité effrayante et tous les signes d'une jouissance monstrueuse, d'une volupté de tigre, enfin. Bientôt cependant on lui remet son chaperon et on l'enchaîne de nouveau à son poste.

Notre hôte parut très-fier de la chasse qu'il avait faite ; toutefois il me semble qu'une part honnête de cette gloire pouvait en revenir légitimement à son collaborateur !

Ces exploits me rappelèrent une histoire de Belgique tendant à prouver qu'aujourd'hui comme du temps de César, « Belgi sunt fortissimi gallorum, » et dans laquelle on lisait : « Deux bataillons belges soutenus par dix-huit bataillons prussiens et quelques Anglais, gagnèrent la bataille de Waterloo ! »

Au retour de cette expédition, on nous fit visiter en détail le palais que nous avions entrevu le matin. Il est très-considérable et orné intérieurement d'un nombre invraisemblable de lustres et de cristaux, mais il ne renferme pas de meubles, chacun ayant l'habitude de s'asseoir sur ses talons. En somme, il n'offre rien de remarquable.

Cependant le Maha-Radja nous avait fait préparer un déjeuner à la mode européenne dans un pavillon entouré de fleurs et de bananiers.

Malheureusement l'étiquette indoue ne lui permettait pas de s'asseoir à table auprès de nous, et il n'aurait pu manger de la viande et boire du vin sans perdre sa caste, *ipso facto*.

En revanche, il avait envoyé pour nous tenir compa-

e, son grand-vizir, plusieurs ministres, une douzaine
seigneurs et le fameux page au turban rose.

[T]ous s'assirent par terre autour de notre table, soi[-]
[dis]ant pour nous faire honneur, mais en réalité dans le
[au]tre but de nous regarder manger et surtout de nous
[voi]r boire du vin. Les Indous se figurent que l'on ne peut
[en] prendre sans s'enivrer, aussi lorsqu'on nous en ap[-]
[por]ta, ils se regardèrent, se frottèrent les mains et se
[dir]ent en souriant : « Attention! voilà le bon moment,
[ils] vont se griser. »

[M]ais, au lieu de nous livrer à la folle gaieté que nous
[ins]piraient leurs réjouissantes figures, nous prîmes le
[par]ti de garder un imperturbable sérieux en buvant
[conscie]ncieusement, ce qui parut renverser toutes leurs
[idé]es.

[T]outefois, la fête fut encore bonne pour eux, car en
[nou]s voyant manger de la viande, ils ouvrirent des bou[-]
[che]s stupides d'horreur, en poussant des exclamations
[que] l'on traduirait sur les bords du Rhin par des « *Ist*
[da]s meuglich » prolongés.

[L']un d'eux, en apercevant un saucisson, demanda
[ave]c effroi quel était cet animal, si c'était un poisson
[ou] un légume? Enfin toutes nos manières paraissaient
[viv]ement les intéresser. Evidemment, depuis long-
[tem]ps ils ne s'étaient autant amusés. Le page sur-
[tou]t était ravi, et c'était plaisir de voir une figure
[aus]si réjouie.

[L]e soir, nous rentrâmes chez nous avec l'escorte du
[Ma]ïcor, qui nous envoya chercher de la même manière
[le] lendemain, pour assister à des luttes préparées en
[not]re honneur.

[S]ur la vaste place de son palais, une foule énorme était
[as]semblée, mais il ne s'y trouvait pas une seule femme,

car, depuis l'invasion musulmane, les Indous ont pris le
détestable usage de les séquestrer.

A l'arrivée de la cour, cette foule s'entrouvrit et forma
au centre un carré d'une régularité parfaite sur cinquante
hommes de front; les autres restèrent pêle-mêle en
arrière.

Le Gouaïcor s'assit dans un fauteuil, sur l'un des
côtés de ce carré, nous mit à sa droite, et les autres
places furent remplies par le grand-vizir, le page à barbe
grise et divers officiers.

Derrière, se tenaient debout les interprètes et le cham-
bellan chargé de tenir le crachoir d'argent. Ce haut
fonctionnaire prêtait une oreille attentive à la respiration
du Radja et s'évertuait à ne jamais manquer les bonnes
occasions.

Le Maha-Radja aime passionnément les luttes. Il com-
bat tous les matins à bras-le-corps, et passe pour l'un des
hommes les plus vigoureux de son pays. Quelquefois il
oblige des bêtes féroces à se battre entre elles, particu-
lièrement des tigres et des rhinocéros; il s'amuse encore
à faire écraser des condamnés sous les pieds des élé-
phants, afin de varier ses plaisirs; mais ce sport peu
goûté du *résident*, ne se renouvellera plus, je le
crois.

Ce jour-là, il s'agissait de luttes entre hommes. Bientôt
deux athlètes entrent dans la lice; ils sont superbes,
quoique bronzés; jamais je n'ai vu de corps aussi bien
faits; ce sont de vraies statues antiques.

Après s'être donné la main, ils s'empoignent par la
nuque, cherchent à renverser leur adversaire sur le dos,
en suivant des règles savantes et sans aucune super-
cherie.

D'autres lutteurs arrivent, et, en un quart d'heure,

l'arène en est remplie. La plupart paraissent connaître d'avance, avec une précision mathématique, la portée de chaque effort ; aussi leurs mouvements se font-ils sans secousses. Tous les muscles sont tendus, et les positions sont si bien combinées, de part et d'autre, que les groupes paraissent immobiles, immobilés comme des locomotives lancées l'une contre l'autre, à l'instant où elles se rencontrent. Ce genre de lutte donne lieu aux poses les plus variées, aux groupes académiques les plus artistiques.

Les vainqueurs viennent tour à tour saluer le Gonaïcor et se prosterner sous ses pieds, qu'ils mettent eux-mêmes sur leur tête après s'être frappé les bras, manière orientale de rendre hommage à leur maître. Ce spectacle était vraiment fort beau et nous arracha de nombreux *atchas*, éternuement qui signifie très-bien en indostani.

En rentrant au bungalow, nous trouvâmes un homme de très-mauvaise mine installé dans notre appartement, se tenant debout, les bras croisés, une longue chevelure éparse sur les épaules et un arsenal de sabres, dagues et pistolets à demi-fourrés dans la ceinture.

— Bon Dieu ! quel est cet homme-là ? dis-je aussitôt.

— Ne faites pas attention, c'est un voleur, répondit tranquillement notre guide.

— Ah bah !

— Oui, c'est le voleur du Maha-Radja.

— Comment cela ?

« C'est bien simple : Il se trouve dans le Radjapoutama une association de pillards qui érigent le vol à l'état de précepte religieux. Toutefois, la présence de l'un d'eux dans une maison suffit pour la rendre inviolable aux yeux de tous les autres membres de la corporation. Les grands seigneurs ont donc toujours à leur service quelqu'un de ces voleurs responsables, le Gouaïcor en a plusieurs et il a mis l'un d'eux à votre disposition. »

La nuit, cet homme étrange couchait en travers de notre porte comme le mameluck de Napoléon Ier.

Un autre jour, le Maha-Radja nous envoya de bon matin des chameaux et une vingtaine de rabatteurs pour nous faire faire une chasse dans ses terres réservées.

Nous rencontrâmes le long du chemin plusieurs cigognes, de superbes paons et quantité de singes, mais il était impossible de les abattre, parce que ces animaux sont sacrés aux Indes, et que les gens de notre suite nous eussent fait un mauvais parti.

Au premier village, un superbe déjeuner froid nous avait été préparé par les soins du Radja. Il y avait force champagne frappé, et une foule de plats conservés à la glace; aussi un maitre d'hôtel nous l'annonça-t-il en disant : « Dépêchez-vous, messieurs, le déjeuner va se réchauffer ! »

Mais les officiers qui nous accompagnaient nous parlèrent d'une recherche bien autrement épicurienne. Il paraît en effet que de riches Indous se donnent souvent le luxe de faire prendre à leurs femmes des bains d'eau glacée ! Si par malheur Sardanapale n'était pas mort, je crois qu'il se pendrait de désespoir de n'avoir pas trouvé cette idée-là.

Quant à notre chasse, ce fut la partie secondaire de l'expédition, d'autant plus que les seules bécassines que nous ayons rencontrées étaient en dehors du parc réservé. Les avait-on charitablement éloignées d'avance? Craignait-on un trop grand massacre? C'est un mystère.

Le lendemain, dans l'après-midi, la chaleur était extrême, je lisais, tranquillement étendu sur une natte et dans le costume le plus primitif, lorsque tout à coup : *clic-clac,* deux voitures à quatre chevaux et un grand nombre de cavaliers arrivent avec fracas de notre côté. J'endosse aussitôt un vêtement quelconque, je mets mon gilet par dessus mon habit, un caleçon sur ma tête, et je vais au-devant de mes visiteurs.

C'est le grand-vizir, accompagné de plusieurs ministres en grand costume, d'un drogman et d'une foule d'officiers qui nous apportent de la part du Gouaïcor divers cadeaux parmi lesquels se trouvent, spécialement à mon adresse, son portrait et un sabre d'honneur garni d'un fourreau rouge et d'une poignée niellée d'or du plus beau travail. C'est la décoration du pays.

Un peu plus tard, le Maha-Radja nous envoya cinq éléphants gigantesques. Par malheur, il n'en faisait pas cadeau, par délicatesse peut-être, pensant que nous aurions de la peine à les emmener en France. L'un d'eux était entièrement caparaçonné d'argent et recouvert d'une housse de drap d'or. Nous grimpâmes sur son dos, au moyen d'une échelle, et nous installâmes sur une plate-forme entourée d'une balustrade d'argent massif. Un cornac, à cheval sur la tête de notre éléphant, le conduisit au bazar de Baroda. Les quatre autres bêtes suivaient, toutes prenant le plus grand soin de n'écraser personne, de sorte qu'aucun accident ne se produisit, quoique la foule fût considérable. Toutefois il fallait se cramponner vigoureusement pour diminuer le balancement qui est très violent et peut même vous renverser si l'on n'y prend garde.

Ce spectacle n'est pas nouveau pour les habitants, car le Gouaïcor possède à lui seul cent éléphants, mais ces animaux n'en sont pas moins aussi remarquables à Baroda que les chevaux pur sang à Paris. Voilà ce qui explique l'empressement de la population à nous venir voir.

Le Maha-Radja nous avait promis plusieurs fois de nous faire voir ses diamants, et l'on nous en avait souvent parlé comme d'une chose superbe ; néanmoins nous ne faisions pas grand cas de cette exhibition ; notre étonnement et notre admiration n'en furent donc que plus intenses lors-que nous vîmes ces merveilles.

A la fin d'un dîner que nous avait gracieusement offert le *résident,* un escadron de cavalerie escorta plusieurs personnages de la Cour qui entrèrent dans le salon, mu-nis chacun d'écrins dont ils étalèrent le contenu sur une grande table. Celle-ci fut littéralement couverte de dia-mants, dont les plus petits avaient la grosseur d'une belle noisette et le plus gros les dimensions d'un œuf. Ce der-nier a coûté 2,250,000 francs. Nous avons remarqué spé-cialement un collier composé de sept rangs de diamants de la plus belle eau qui a coûté 7,500,000 francs. L'en-semble de cette collection a été estimé un million de livres sterling par un bijoutier anglais, ce qui n'a rien d'exor-bitant pour le Gouaïcor qui possède 35,000,000 de rentes,

Nous avons consacré une journée entière à visiter la ville et le bazar de Baroda. Les gens du pays, moins ha-bitués que ceux de Bombay à voir des Européens, nous suivaient partout avec curiosité, d'autant plus que nous arrivions dans le magnifique équipage du Gouaïcor et accompagné d'une foule de serviteurs dont nous ne pou-vions nous débarrasser.

En plusieurs endroits, les rues sont à moitié barrées par des portes en forme d'arc de triomphe entièrement peintes en rouge, vert et bleu.

Ces portes contribuent à donner un caractère spécial à cette petite ville ; mais ce qu'elle a de tout à fait parti-

culier, ce sont les éléphants qu'on y rencontre de tous
côtés, et les nombreuses bêtes féroces qu'on a la manie
d'y élever comme des chiens ou des chats. Vous ren-
contrez des tigres énormes et des rhinocéros attachés par
de simples chaînes dans la cour de plusieurs maisons. Il
en est même qui s'échappent parfois dans les rues, et
lorsqu'on voit la foule se précipiter sur un point, on peut
parier à coup sûr qu'elle a un animal sauvage à ses trous-
ses, à moins toutefois qu'elle ne poursuive elle-même,
par curiosité, quelque Européen égaré en ces lieux.

En passant devant la caserne principale de la ville,
nous avons remarqué des soldats accoutrés de la ma-
nière la plus singulière. Le Gouaïcor ayant appris que
les *higlanders* formaient un des plus brillants régiments
de l'Angleterre, voulut en constituer un sur le même
modèle. En conséquence, il fit imiter de point en point
leur costume écossais, et pour obtenir une ressemblance
complète, il poussa la conscience jusqu'à copier la cou-
leur de leur peau, en faisant recouvrir d'un maillot rose,
les jambes noires de ses rajpoutes.

D'ailleurs, si le Maha-Radja est immensément riche, en
revanche il me paraît doué d'un goût douteux. Ainsi, il
possède aux environs de Baroda un palais carré entouré
d'une colonnade supportant de vastes terrasses qu'il a eu
la fantaisie de faire peindre entièrement en jaune.

On nous y montra comme une merveille, une grande
galerie renfermant, disait-on, les objets les plus curieux
et les plus extraordinaires. Qu'on juge de notre étonne-
ment, lorsque nous vîmes entassés pêle-mêle, des boîtes
à musique, des poupées disant papa et maman, des ta-
bleaux mécaniques représentant le passage d'un train sur
un pont, et les mouvements d'un bateau sur la mer, des
pendules de la Forêt-Noire, avec le coucou obligé, des

joujoux de toutes sortes et autres spécimens du bric-à-brac européen. Il paraît que ces divers objets ont été payés vingt fois leur valeur par le Radja aux honorables colporteurs qui les ont introduits à Baroda. On conçoit, d'ailleurs, que le grand luxe chez les Indous soit d'orner leurs habitations avec des objets européens, de même que nous décorons les nôtres avec des chinoiseries ; ce qui est singulier, c'est qu'ils ne choisissent pas mieux.

Fatigués de notre promenade d'apparat, et voulant flâner un peu librement à travers les rues, nous congédiâmes notre équipage, au grand étonnement des cochers et des gens qui nous accablaient de leurs services respectueux.

Rien n'est amusant comme de marcher au hasard dans une ville nouvelle, surtout aux Indes ; aussi nous y laissions-nous aller avec un vif plaisir ; mais, trop confiants dans notre science topographique, lorsqui'l fallut reprendre le chemin du logis, nous étions complétement perdus.

Nos connaissances en indostani étant très-restreintes, nous ne trouvons dans notre vocabulaire que le mot bungalow pour demander notre chemin, lequel d'ailleurs peut paraître suffisant. Cependant il n'en est pas ainsi. Un honnête passant nous répond bien, en indiquant une direction ; mais après une heure de marche, un autre individu en montre une absolument opposée.

Nous retournons sur nos pas et bientôt un troisième promeneur nous remet dans le premier chemin. Pour plus de sûreté, nous en interrogeons un quatrième qui assure que nous nous trompons complétement. Enfin, après avoir fait la navette pendant trois ou quatre heures sous un soleil de plomb, au milieu des décombres de tous les faubourgs, nous nous arrêtons, épuisés, dans un petit corps de garde, demandant au moins la charité d'un peu d'ombre et de beaucoup d'eau.

Les soldats du Gouaïcor, fidèles à l'hospitalité orientale, daignent nous faire une place sous leur toit, mais ils ne savent comment nous donner à boire. Aucun ne veut sacrifier son écuelle, car le contact des lèvres européennes la souillerait à tout jamais, et il serait obligé de la briser immédiatement.

Sur ces entrefaites, survient le commandant du poste, un de ces hommes pleins de sagacité qui ne se laissent pas tromper aisément. Après avoir inspecté notre piteuse mine, il juge que nous sommes des brigands échappés de quelque prison, ou tout au moins des déserteurs, et il se dispose à nous arrêter, lorsque, par un hasard providentiel, arrive le page! le fameux page, qui ne comprend absolument rien à ce qui se passe, mais nous reconduit dans le droit chemin, ainsi qu'il convient à des gens vertueux. Or, voici la cause de tous ces quiproquos.

Bungalow est une expression indostani qui signifie maison de campagne. Pour un habitant de Baroda, le bungalow par excellence est celui du Maha-Radja, tandis que pour un Anglais, c'est le caravansérail des voyageurs; et comme ces deux maisons se trouvent précisément à l'opposé l'une de l'autre, il en résultait qu'on nous envoyait d'un côté ou de l'autre, suivant que nous nous adressions à un Indou convaincu ou à un vil suppôt des étrangers!

Les aventures de cette journée ne se terminèrent pas là.

Au milieu de la nuit, surexcité par la fatigue et ne pouvant dormir, j'allai me promener seul dans les environs. Je marchais ainsi en silence, lorsque je vis une maison isolée, presque en ruines, et éclairée par la lune. Il s'en échappait un bruit lugubre, une sorte de râle plaintif, un cri long, monotone et douloureux sur une note aigüe, toujours la même. Intrigué par ce mystère, j'entrai dans cette mâsure, là, un spectacle horrible s'offrit à ma vue. Les murs lézardés étaient couverts de cloportes et de reptiles, le parquet inondé d'une boue épaisse et gluante. Celui-ci, éboulé en plusieurs endroits, avait des crevasses menaçantes, en travers desquelles je craignais à tout instant de tomber et qui laissaient entrevoir une eau profonde et noire.

Le gémissement continuait toujours, et il me semblait que le sang se figeât dans mes veines. Cependant la curiosité l'emporta et je m'avançai en chancelant jusqu'à la plus grande de ces ouvertures béantes, puis, me soutenant sur une canne, je me penchai pour voir ce qu'il y avait dans cette étrange caverne. Tout à coup, la lune, se faisant jour à travers les fissures des murailles, envoya ses pâles rayons au fond de ce trou jusque-là obscur, et je vis un monceau de cadavres entassés les uns sur les autres. Le liquide provenant de leur décomposition formait une véritable mare, au milieu de laquelle quelques-uns d'entre eux surnageaient et glissaient lentement comme des spectres. C'est que d'horribles vampires, affamés de leur chair, les poussaient en les dévorant.

Les cris que j'avais entendus venaient de ces monstres ailés, qui ne cessaient de faire entendre leur sifflement aigu. Jamais je n'oublierai cette note affreuse et ne puis y songer sans frissonner. Rassasié de cet épouvantable spectacle, je m'efforçai de m'éloigner de ce lieu sinistre, craignant plus que jamais de glisser en marchant sur cette boue de cadavres. Enfin, je pris mon élan pour franchir un dernier gouffre qui me séparait encore de la porte, et, sautant de mon mieux, je tombai..... au bas de mon lit, emportant avec moi toutes mes couvertures.

Le lit de rotin sur lequel j'avais passé la nuit, et peut-être le soleil que j'avais enduré toute la journée, m'avaient causé ce singulier cauchemar. Jamais réalité ne se fixera dans mon esprit avec la netteté de ce rêve atroce.

Ce qu'il y a de curieux, c'est que, réveillé, j'entendis encore très-distinctement le bruit qui m'avait tant impressionné durant mon sommeil, et je ne savais si je devais en croire mes oreilles ; mais j'appris bientôt que cette note aigüe et prolongée provenait d'une noria voisine que des bœufs faisaient tourner pour monter de l'eau. L'essieu de sa roue motrice grinçant périodiquement sur une margelle de bois, produisait ce son bien connu de tous ceux qui ont voyagé en Égypte.

C'est égal ; j'espère que les esprits infernaux ne me gratifieront pas souvent d'une vision pareille, et je prie instamment le lecteur de ne pas en faire honneur à mon imagination, car elle n'y a aucun droit.

CHAPITRE VI

Voyant que nos hôtes s'évertuaient à nous donner chale jour des fêtes nouvelles, nous ne voulûmes pas abuser vantage de leur hospitalité, et le 14, nous partîmes ur Ahmenabad.

Cette ville, située plus avant que Baroda dans le Radjautana, est néanmoins sous la dépendance absolue du uvernement anglais.

Je ne sais pour quelle raison on a excepté cette capitale Goujeratte, mais on ne saurait assez admirer l'habileté 'ont montrée les Anglais en respectant l'indépendance Radjapoutana. Cette vaste province contient, en effet, s peuplades belliqueuses, dont l'armée du vice-roi pourt assurément se rendre maîtresse, mais il ne serait ssible de les maintenir qu'en y entretenant des troupes mbreuses et les Rajpoutes ne manqueraient pas une casion de se révolter.

Or, il faut remarquer que le Radjapoutana est situé dans la partie la plus occidentale de l'Inde et touche à l'Afghanistan, souvent en guerre avec les Anglais. En outre, des ennemis arrivant par terre, des Russes, par exemple, s'alliant aux Afghans, parviendraient facilement à soulever les Rajpoutes, sous prétexte de leur rendre leur liberté, et pénétreraient ainsi jusqu'au cœur de l'Inde. En paraissant au contraire respecter leur autonomie et la défendre contre les voisins, les Anglais en font des alliés sûrs et prêts à repousser tout envahisseur étranger.

Ahmenabad, en qualité de ville annexée, n'a plus ni Maha-Radja indépendant, ni cour orientale, et le principal personnage de l'endroit est le *collector*, chargé de réunir le plus grand nombre de roupies possible. M. Borradaïle, qui remplit ces fonctions, s'est mis à notre disposition pour nous faire voir les curiosités de la ville, une des plus intéressantes de l'Inde.

Le bazar est très-riche et les habitants ont une physionomie à part. On y rencontre un grand nombre de Siks échevelés, à l'air sauvage et farouche, des brahmes plus convaincus que ceux de Bombay, et des femmes aux costumes les plus brillants en satin cerise et vert.

Dans aucune partie de l'Inde, je n'ai vu de maisons aussi élégantes et aussi artistiques que celles d'Ahmenabad. Les échoppes des plus misérables boutiquiers sont garnies d'une façade en bois sculpté d'un travail exquis et du meilleur goût, digne de l'atelier du peintre le plus riche de Paris.

Ahmenabad et ses environs possèdent une quantité prodigieuse de mosquées, de tombeaux et de palais élevés par les musulmans peu de temps après l'invasion, c'est-à-dire aux quartorzième et quinzième siècles. Cons-

GRANDE GALERIE DU PALAIS DE LUKNOW

truits en pierre ou en marbre, ces monuments sont aussi grandioses dans l'ensemble que finement travaillés dans les détails. Une de ces mosquées notamment, située à quelques milles de la ville, est tout ce que l'on peut concevoir de plus merveilleux.

Qu'on se figure des galeries gigantesques placées autour d'un bassin de 300 mètres de long, et reliées par d'immenses escaliers sur toute cette étendue; des portiques, des minarets, des dômes, des colonnades à perte de vue, voilà pour l'ensemble. Quant aux détails, aucun musée ne renferme une pareille collection de richesses : chaque mur est couvert d'arabesques et d'entrelacs sculptés avec un art infini. Enfin, il est curieux d'observer avec quel soin on avait ménagé le confort intérieur. Les principales salles de cet édifice ont été bâties sur des pilotis de pierre, sous lesquels l'eau court sans cesse et rafraîchit l'air environnant.

Le soleil ne pénètre jamais dans ces appartements, car ses rayons sont tamisés par des fenêtres de marbre taillées à jour comme des dentelles, et dont les dessins sont tous variés, bien que toujours harmonieux.

On ne peut rien concevoir de plus beau; c'est un palais des Mille-et-une-Nuits; c'est le rêve d'un artiste en délire réalisé en pierre et en marbre. Quelle différence entre nos sombres bâtiments, gris comme notre horizon, et ces chefs-d'œuvre de l'art embellis par le beau soleil de l'Orient!

Je l'ai dit, les principaux monuments d'Ahmenabad ont été construits par les Musulmans, mais il existe aussi des temples indous fort intéressants.

La *collector* nous a fait visiter entre autres un temple très-singulier appartenant aux Djaïns.

Cette secte ne se contente pas de se nourrir exclusivement de légumes comme les autres Indous, mais ils craignent sur toute chose de donner la mort à tout ce qui a vie, depuis l'homme jusqu'au plus petit in-secte. Ils portent constamment devant la bouche une étoffe légère pour ne pas avaler par inadvertance quelque moucheron distrait, et s'attachent aux pieds des grelots afin d'éloigner les animaux qui pourraient se rencontrer sous leurs pas. Ils se laisseraient mordre par un serpent plutôt que de le tuer. Le jardin qui environne le temple des Djaïns est complétement inculte, parce que l'on ne pourrait y travailler sans courir le risque de toucher quelque ver. Ce doit être le paradis terrestre des reptiles les plus atroces, et il paraît en effet que les cobras y fourmillent.

M. Borradaïle, grâce à son crédit, put nous faire arriver jusqu'aux portes du temple, mais impossible d'en franchir le seuil. Je ne sais quel mystère on célèbre dans ce sanctuaire; nul profane ne peut y pénétrer. Nous dûmes nous contenter d'en admirer l'extérieur, qui est entièrement couvert d'arabesques profondément sculptées dans la pierre, et dont le dessin est fort riche, mais un peu trop surchargé.

Une autre fois, en nous promenant dans la ville, nous fûmes surpris d'entendre tout à coup un effroyable charivari, un tintamarre infernal et menaçant ! D'autres se seraient peut-être enfuis épouvantés, mais les accords les plus mélodieux n'auraient pu produire sur nous un effet plus attractif. Courant dans la direction du bruit, nous arrivons auprès d'un temple brahmanique. Là, dans une loge pratiquée au-dessus du péristyle, un enragé tape sur trois caisses à la fois avec une agilité qui défierait les plus habiles timbaliers de l'Europe, et un aveugle souffle de toute sa force dans un scélérat de petit hautbois criard que l'on entend d'une lieue. Le tapage que ces deux manœuvres produisent ainsi, explique l'absence des cloches dans les temples indous; elles seraient complétement inutiles.

Au centre de la cour centrale d'un vaste couvent se trouve un pavillon de marbre, surmonté d'une douzaine de dômes et soutenu par d'élégantes colonnes. C'est là que trônent les idoles, statues en marbre précieux ou en argent, représentant diverses incarnations de Vischnou, de Brahma, de Sciva et de plusieurs augustes membres de leur famille. Elles sont placées dans des niches et séparées du public trop dévot par de prudentes grilles de fer. Une foule de personnes et surtout de femmes sont sans cesse prosternées devant elle dans l'attitude la plus respectueuse.

Une partie de la vénération des femmes pour les idoles est habilement détournée par les brahmes à leur profit. Nul ne sait mieux exploiter les préjugés de ce peuple superstitieux. Ainsi, l'on sait que les femmes indoues se considèrent comme déshonorées lorsqu'elles n'ont pas d'enfants, et se figurent que Vischnou, le propagateur, peut seul leur en faire obtenir. En conséquence, lorsque l'une d'elles est stérile, elle va trouver le supérieur d'un couvent, et lui demande de vouloir bien intercéder Vischnou en sa faveur.

Le brahme se fait supplier quelque temps, puis enfin se laisse vaincre et annonce à sa naïve dupe qu'il tâchera de lui rendre le dieu favorable.

Il lui dit de venir au milieu de la nuit dans le temple, l'y rester seule, dans une obscurité complète, et lui recommande de se dépouiller des vains vêtements terrestres afin d'être en contact plus direct avec le créateur, de se prosterner devant lui dans l'attitude du plus profond respect et surtout d'avoir une foi sincère.

Il ajoute que si sa prière est écoutée, le grand propagateur viendra lui-même auprès d'elle, et que neuf mois après, ses vœux seront certainement exaucés.

Un brahme quelconque vient bien entendu jouer le rôle du dieu, toujours dans le plus grand silence, et le lendemain, la pauvre femme, animée d'une vive reconnaissance pour le brahme dont l'intervention a été si efficace, s'empresse d'aller l'en remercier tout en larmes. Il est même d'usage qu'elle lui apporte des cadeaux que le saint homme accepte sans vergogne.

Voilà l'étrange comédie qui se joue aujourd'hui encore dans tous les temples de l'Inde, au vu et au su des maris qui paraissent avoir, en ce pays, une grâce d'état toute spéciale.

Un fait peut-être plus étrange encore : Dans un temple des environs de Bombay, il paraît qu'à certains jours de fête, les fidèles, hommes et femmes, se réunissent en grand nombre et passent la nuit ensemble sans aucune lumière, afin d'adorer Vischnou ; puis, après de longues prières, chacun prend celui ou celle que ce dieu lui envoie dans le hasard des ténèbres.

Mais à force de voyager, on rencontre souvent des choses si absurdes, surtout en matière religieuse, qu'il n'est plus possible de s'étonner de rien.

Avant de quitter Ahmenabad, nous avons tenté de faire une excursion au centre de Radjapontana, et de voir *Ondeypour*, dont on nous avait beaucoup parlé comme d'une ville pleine de cachet oriental. Malheureusement, on ne put nous louer de chevaux, et l'on nous assura que ce trajet se faisait toujours en chars à bœufs. Nous partîmes donc, chacun dans une sorte de voiture de blanchisseuse traînée par des bœufs; mais la lenteur de ces animaux, et le peu de confort de nos misérables véhicules, nous découragèrent tellement, que nous dûmes renoncer à cette expédition et reprendre le chemin d'Ahmenabad. Excellente mesure, car nous venions d'apprendre que la famine régnait dans tout le Meiwar.

Au retour, M. Borradaïle nous installa cette fois chez lui, et nous consola par l'amabilité toujours croissante avec laquelle il nous fit les honneurs de la ville.

Grâce à lui, nous avons pu nous procurer, à très-bon compte, une foule d'objets particuliers à ce pays, notamment de superbes boucliers en cuir d'hippopotame, travaillés et peints comme des bijoux émaillés, des arcs, des flèches, des houkas de toutes formes et mille autres choses.

Peu de temps après, nous partîmes pour Surat, où nous fîmes une station d'un jour seulement. Cette ville est citée pour la beauté de ses femmes et pour l'habileté de ses bayadères. Le bazar est animé et bien fourni. On y fabrique des guitares, des cithares, des tambouras et toutes sortes d'instruments de musique avec des calebasses desséchées, puis des tarabouks de faience, dont j'ai rapporté des spécimens assez curieux.

Dans chaque ville que nous traversions, nous faisions venir le soir dans notre bungalow, des bayadères, qui dansaient une partie de la nuit au son de leur bizarre musique, tandis que nous fumions nonchalamment, étendu sur nos nattes. Danses et danseuses rappelant celles dont j'ai parlé plus haut, je crois inutile d'insister.

CHAPITRE VII

Le surlendemain, de retour à Bombay, nous nous décidâmes à gagner Calcutta en traversant l'Indoustan dans toute sa largeur.

Le 27, nous prîmes donc le chemin de fer de l'Est, qui nous conduisait directement à Nagpour, situé au centre du Bérar, et par conséquent de la presqu'île.

On est d'autant plus heureux de faire ce trajet en chemin de fer, que cette partie de l'Inde n'offre pas grand intérêt.

Les environs de Bombay sont remarquables par leur gracieuse végétation, les pandanus et les palmiers qui ondulent de tous côtés. Mais après avoir escaladé les Ghauts, on traverse d'interminables plaines couvertes de champs de riz ou de maïs, et de l'aspect le plus monotone. De loin en loin, on longe de petits villages construits en boue, et qui paraissent très misérables. Non-seulement on ne traverse pas de ces forêts vierges que l'on rêve en Europe, et que l'on ne trouve qu'en Amérique, mais on ne rencontre que rarement un pauvre arbre isolé.

Les jungles sont de vastes terrains non cultivés, sauvages et pleins de bêtes féroces. On y rencontre parfois de petits bouquets d'arbres rabougris croissant sur un sol aride, hérissé de rochers, mais ils ressemblent plus à des déserts qu'à des forêts.

Le chemin de fer qui doit rejoindre la ligne de Jubbulpore à Calcutta vient à peine d'être terminé jusqu'à Nagpour.

Les wagons, sans compartiments, communiquent tous ensemble et sont extrêmement commodes pour les voyageurs. Deux ou trois personnes y sont généralement seules, ce qui permet d'y faire apporter ses malles, d'y étendre des nattes et de se coucher confortablement pendant la nuit.

Les gens bien pensants, aux Indes, ne s'embarquent jamais dans une expédition de longue haleine sans emporter un bloc de glace, de la grosseur d'une borne, que l'on a soin d'envelopper dans une couverture de laine, afin de la conserver plusieurs jours : ressource indispensable pour des voyageurs sans cesse altérés sous ce ciel dévorant.

La chaleur est moins forte dans l'Inde que dans l'Amérique du Sud, et cependant elle est plus difficile à supporter. Sur les bords de l'Amazône, le thermomètre s'élève parfois à 45 degrés centigrades à l'ombre, et l'on est toujours dans une telle transpiration, que l'eau vous ruisselle des cheveux jour et nuit. Mais cette chaleur humide n'a

rien de dangereux ; tandis qu'ici, quoique le thermomètre
ne s'élève guère au-dessus de 33 degrés, la chaleur est
sèche, brûlante et insupportable. Au Brésil on est bouilli,
aux Indes on est rôti. Ainsi j'ai pu voyager à travers toute
l'Amérique du Sud, à cheval et à pied, toujours au grand
soleil, avec un simple petit chapeau rond, cela sans en
être incommodé ; tandis qu'ici, personne n'ose sortir au
milieu du jour, ou bien ce n'est qu'armé d'un turban, ou
d'un immense casque séparé de la tête par des morceaux
de liége, de façon à permettre à l'air de rafraîchir la tête
en circulant librement autour d'elle. Cette coiffure appe-
lée *topi,* est très-employée par les Anglais, mais elle est
basée sur une invention chinoise. Elle est aussi disgra-
cieuse qu'indispensable contre les coups de soleil que l'on
attraperait infailliblement sans elle — ce qui m'est arrivé
en effet, ainsi qu'on le verra plus loin.

La différence entre les qualités de chaleur dont je par-
lais tout à l'heure, tient sans doute à ce que les rayons
chimiques du spectre ne croissent pas proportionnellement
à l'intensité des rayons solaires. Ainsi, ils peuvent, sous
l'influence de certaines circonstances climatologiques,
être plus développés dans un pays que dans un autre sans
augmenter les degrés de chaleur, car leur action n'est
pas plus sensible au thermomètre que celle de la lu-
mière.

Outre nos tapis et notre bloc de glace, nous avions pris,
comme mesure de précaution, un panier de provisions pour
lequel nous avions non moins d'égards que s'il eût été la
plus parfaite incarnation de Vischnou. La meilleure place
lui avait été donnée, afin de le préserver de tout choc, et
il se prélassait orgueilleusement au milieu de nous, large
et ventru comme un Bouddha. C'est le Parsi, intendant de
Bayculla-Hôtel qui s'était chargé de le confectionner et

de le ficeler. « Soyez tranquilles, nous disait-il, fiez-vous à moi, ne vous inquiétez de rien. » Qu'on juge donc de notre étonnement lorsqu'après l'avoir péniblement ouvert, enlevé une quantité désespérante de paille et de papier, nous ne trouvons qu'un vieux poulet brûlé que l'on n'avait pas osé servir à table d'hôte, des brosses, du cirage et des oignons crus. Nous nous consolons cependant avec du Champagne que nous n'avions pas ménagé, et que nous n'eussions pas cédé contre son pesant d'or.

Après vingt-huit heures de route, nous arrivâmes ainsi à Nagpour ou plutôt au bungalow correspondant. Cet établissement abritait déjà quelques Anglais en tournée d'affaires. Aussitôt nous les interrogeâmes fièvreusement afin de savoir s'il y avait quelque chose d'intéressant à visiter dans la ville. On nous avait bien assuré que Nagpour, quoique située au centre de l'Indoustan, n'offrait aucun intérêt ; mais enfin il était possible que des habitants du pays nous donnassent de meilleurs renseignements. Nos hôtes nous répondirent en effet : « *Oh, yes! il y avait beaucoup d'attrachonne ici : Il y avait le forteresse, il y avait le camp anglais et beaucoup de soldats.* »

Ce ne fut pas chose aisée de leur faire comprendre que nous étions venus aux Indes pour y étudier les Indous, et non pour y retrouver l'Angleterre. Les Anglais s'intéressent si peu à la couleur locale du pays, qu'ils qualifient collectivement les indigènes, leurs villes et tout ce qui s'y trouve de *saleté native*. Je le répète, on ne peut se faire une idée de la peine que l'on éprouve à leur faire entendre que c'est là ce que l'on vient voir dans ce pays. Toutefois, si cette idée pénètre dans leur tête, et s'ils sont gens d'esprit, ils dissi-

llent assez bien leur stupéfaction et, acceptant votre
mie, se bornent à rire de fort bon cœur. Mais sortez
ec l'un d'eux, il va vous conduire immédiatement.....
quartier anglais.

Lorsqu'un fils d'Albion s'établit aux Indes, il choisit
terrain le plus éloigné possible de la ville, et s'em-
esse d'arracher les palmiers et toutes les plantes
picales qui lui rappelleraient sans cesse son exil, puis,
lante des arbres dont le feuillage ressemble à celui
l'Angleterre. *Remembrance of the native country.*

Au moment de notre passage, le chemin de fer
tant pas encore terminé entre Nagpour et Jubbulpore,
fallait faire ce trajet en *dâk gari,* espèce de boîte
tangulaire assez commode pour deux voyageurs, et
nis de nombreuses persiennes laissant passer l'air
non le soleil.

Pendant la nuit, on réunit les deux siéges au moyen
ne planche et l'on peut étendre son matelas dans
longueur de la caisse, ce qui permet de dormir
ez confortablement.

Les garis font un service régulier entre Nagpour et
bulpore, mais souvent on les retient d'avance, sans
oi on est exposé à attendre plusieurs jours. Ainsi,
moment de notre arrivée, toutes les voitures de
semaine suivante étaient retenues, excepté justement
le qui devait partir le soir même. Nous nous em-
ssâmes de la prendre et bientôt après nous rou-
is dans la direction de Calcutta.

Les petits chevaux du pays, une fois lancés, marchent
mme le vent, mais le difficile est de les mettre en
in. A chaque relais, on est obligé de requérir tous
habitants de l'endroit pour pousser les roues et
etter les chevaux. Mais les Indous n'osant pas

frapper consciencieusement dans la crainte d'avoir affaire à une nouvelle incarnation de Vischnou, il fallait toujours se mettre de la partie.

Pour ma part, lorsque je constatais une mauvaise volonté évidente, je n'y allais pas de main morte.

En quittant le bungalow de Dhouna notamment, nous avons affaire aux animaux les plus récalcitrants. Toute la population du village voisin tape, pousse et hurle — impossible de démarrer. L'un des chevaux s'asseoit, je l'attaque à coup de canne — il s'étend tout à fait. Furieux, je lui enfonce en bon lieu la pointe du sabre de son altesse le Gouaïcor; il goûte cet argument et se relève, puis pour l'empêcher de s'étendre de nouveau, je lui place sous le ventre un bâton pointu. Plusieurs hommes attachent des cordes aux jambes de devant de chacun des chevaux, s'y attelant vigoureusement, et tirent alternativement celle de gauche et celle de droite, tandis que nous tapons à grands coups de fouet sur leur dos avec force coups de fusil à titre d'encouragement — rien n'y fait! On se détermine enfin à nous aller chercher d'autres chevaux.

Les environs étant complètement déserts et n'offrant rien de curieux à visiter, je rentre dans mon gari et je mets le temps à profit en faisant quelques exercices de violon. Or, ce bruit inusité inspire la plus salutaire terreur à nos rossinantes. Elles craignent sans doute d'avoir à leurs trousses l'animal féroce qui possède une pareille voix, et tout à coup elles s'enfuient au grand galop, comme si le diable les poursuivait.

Peu après, nous arrivâmes à la fameuse *Nerbudda*, qu'il fallut traverser à gué, traîné cette fois par des bœufs qui s'y prêtèrent de fort bonne grâce. Ce fleuve, bien que très-large, n'a pas grande profondeur, et nous n'eûmes guère plus d'un pied d'eau dans l'intérieur de la voiture.

Les Indous ont conservé une légende charmante sur la Nerbudda, un de leurs fleuves sacrés, le seul qui se dirige sans affluents vers le golfe de Cambaye.

M. Lanoye rapporte ainsi, dans son intéressant ouvrage sur *l'Inde contemporaine,* le récit que lui en fit un brahme des environs.

« Au temps de la jeunesse du monde, la Nerbudda, étant arrivée à l'âge de raison, conçut le dessein de se marier. Après avoir hésité longtemps entre divers prétendants, elle fixa son choix sur le Soane, né sur le même plateau qu'elle. Toutes les formalités préliminaires accomplies, le Soane se mit à marcher avec la pompe vouue pour venir trouver sa fiancée. Les futurs époux ne s'étaient jamais vus et la Nerbudda était si impatiente de voir le Soane qui s'avançait bien lentement, qu'elle dépêcha à sa rencontre la fille de son coiffeur, nommée Dhjola. « Va, lui dit-elle, approche-toi de lui sans qu'il s'en doute et reviens au plus vite m'apprendre comment il est. » Dhjola obéit, part le jour même et se rend en toute hâte auprès du Soane; mais elle ne chercha pas ou chercha mal à se dérober à sa vue. Il l'aperçut, la trouva charmante, et, aussi prompt dans ses impressions qu'il était lent dans sa démarche majestueuse, il lui offrit son cœur que la messagère infidèle eut l'indignité d'accepter. A la nouvelle de cet affront, la Nerbudda, furieuse, s'élance hors de son lit, et se dirige en rugissant vers l'asile ou reposaient les deux coupables. « Misérables ! » s'écria-t-elle à leur vue,... mais la colère l'empêcha d'achever : d'un coup de pied, elle renvoie le Soane vers l'est, d'où il venait; d'un second, elle étend Dhjola derrière lui; puis, sans mot dire, elle s'enfuit à l'ouest, écumante de rage, vers le golfe de Cambaye. Telle était sa colère, qu'elle brisa ou renversa tous les rochers qui s'opposaient à son passage, jurant de ne plus écouter aucune autre proposition d'alliance, et depuis, elle n'a pas failli une fois à son serment. »

Chemin faisant, nous nous arrêtions de temps en temps dans de petits villages pour y prendre nos repas, et pendant que l'on préparait notre éternel riz au carry, nous nous promenions de côtés et d'autres. Les maisons, ou plutôt les cabanes de ces hameaux, sont généralement construites en pisé et soutenues par quelques bambous; mais ce qui les caractérise essentiellement, ce sont les gâteaux de bouse de vache dont elles sont recouvertes et qui sont aussi nombreux que peu appétissants. Ces pauvres paysans croient sanctifier leurs demeures en les imprégnant ainsi de déjections sacrées.

Dans presque toutes les rues on remarque aussi beaucoup d'idoles : des Vischnous sous toutes les formes ! un bon nombre de Gonnpoutis et une honnête quantité de Sciva. Ces dieux sont représentés par des blocs de pierre à peine dégrossis ou des arbres sculptés sur place de la manière la plus bizarre. L'écorce du tronc arrachée sur un côté, laisse voir une face de singe, de homard ou d'éléphant taillée dans l'aubier, tandis que les racines et les branches représentent les membres et les cheveux.

Malgré l'intervention de ces divinités, les Indous ne paraissent pas très heureux, et la plupart d'entre eux végètent dans la plus grande pauvreté.

Une réparation que l'on devait faire à notre gari nous força de nous arrêter dans un de ces villages, et, aussitôt, une foule considérable s'empressa de nous entourer et

lous regarda avidement, ne sachant pas à quelle espèce
l'animaux ils avaient à faire, et paraissant en proie au
lus profond étonnement.

Comme nous profitions de l'immobilité de la voiture
iour prendre un petit lunch, nos spectateurs se regardaient
es uns les autres, comme les vizirs de Baroda, et
iaient à gorge déployée en nous voyant prendre un verre
u couper un morceau de pain.

Mais ce qui leur paraissait le plus extraordinaire, c'était
e nous voir manger de la viande, ils ne pouvaient s'ex-
liquer comment des gens qui se disent civilisés consen-
ent à se nourrir d'animaux morts.

Bref, notre présence ne plaisait pas à tout le monde.

En effet, un colporteur, espèce de magicien de foire,
enait de s'arrêter sur la même place que nous, traînant
vec lui une grande cage remplie de magnifiques paons
lancs qu'il voulait vendre et auxquels nous faisions une
edoutable concurrence. Il avait beau faire mille tours
e passe passe et battre la caisse de toute sa force, tout
: monde l'avait abandonné pour venir nous contempler.
ussi fut-il enchanté de nous voir partir.

Quelques heures plus tard nous arrivions à Jubbul-
ore, après deux nuits et un jour de voyage en gari.

CHAPITRE VIII

Jubbulpore a été choisi par les Anglais pour y établir
ı de leurs centres militaires les plus importants. Ce
mp, bâti en briques rouges, est placé à une lieue de la
lle, dans une plaine triste et dénudée.

Notre premier soin fut d'aller le visiter; mais en mon-
nt en gari, son plancher s'enfonça et je passai au tra-
rs.

Il fallut alors nous contenter d'un petit char indou en
rme de *jaunting-car*, très-élégant à l'œil, mais fort
commode, qui nous cahota dans les différentes parties
ı bazar.

Nulle part je n'ai vu une foule pareille, et il n'est pas
fficile de reconnaître que ces fatalistes et paisibles ha-
tants ne sont guère habitués au grand nombre de
itures des capitales européennes et à l'aménité de leurs
chers; car ils marchent tous obstinément au milieu

6

des rues. Impossible d'obtenir qu'ils se dérangent avant que le nez de notre cheval ait touché leurs épaules.

Le bazar de Jubbulpore renferme une quantité incommensurable de petites boutiques, dans lesquelles on trouve de riches étoffes de soie brochées d'or, de magnifiques brocarts, les tissus les plus fins, des bijoux scintillants, des perles éclatantes et surtout une masse incroyable de vases en cuivre qui réluisent au soleil de tous côtés. Ces vases servent aux Indous pour faire leurs ablutions; ils ne s'en séparent jamais, et y tiennent, je crois, plus qu'à leurs costumes. Enfin, on rencontre à chaque pas de gracieux temples surmontés de cinq dômes sous lesquels s'abritent leurs éternelles idoles rouges.

Vers le soir, la plupart des villes de l'Inde se couvrent d'un nuage épais et nauséabond; mais à Jubbulpore nous en avons souffert plus que partout ailleurs. Ce phénomène tient à ce que le bois étant extrêmement rare, les Indous sont obligés, pour faire cuire le dîner, de brûler force bouses de vache, ce qui lui donne un parfum de sainteté tout particulier; malheureusement, les étrangers qui n'ont pas la foi, trouvent cette nouvelle forme de Vichnou aussi vaporeuse que peu poétique, et ne savent pas en savourer le charme.

Si la circulation était d'abord difficile au milieu de la houle humaine dont j'ai parlé plus haut, elle devint impossible, lorsqu'après un court crépuscule, nous nous trouvâmes dans une obscurité profonde, éclairée seulement par les fumeuses lampes d'huile de coco des marchands ambulants.

Ceux-ci, enrichis d'une petite table portative, encombraient toutes les rues de leur étalage composé de fruits divers, de feuilles de bétel, de noix d'arek, de nougats

sous toutes les formes, et quelquefois aussi de mille ob
ets en bois admirablement sculptés.

Dans l'impossibilité où nous nous trouvons de faire un
pas, nous finissons par prendre le parti de revenir à pied
usqu'à l'hôtel, avec l'intention formelle de ne pas nous
égarer, ainsi que cela nous était arrivé à Baroda.

Là, nous trouvons une table d'hôte des plus médio-
cres, mais ornée de plusieurs personnes qui causent en
anglais, et parlent de nous assez librement, pensant que
nous ne les comprenons pas.

— Qu'est-ce que ces Français viennent donc faire ici?
lisait l'un.

— Ce sont probablement des commis-voyageurs, ré-
pondit un homme bien informé.

— Non, je crois plutôt que ce sont des artistes, reprit
un troisième, car ils ont avec eux une boîte à violon.

Cette opinion dut prévaloir, surtout lorsque dans la
soirée on m'entendit m'escrimer sur la quatrième corde.
Ma chambre étant contiguë au salon commun, j'eus la
charité de choisir les études les moins stridentes de mon
répertoire; mais on ne me tint aucun compte de ce pro-
cédé généreux, et l'on y répondit en faisant un chari-
vari infernal sur tous les verres de l'établissement. On
ne fait pas plus de bruit aux soirées de la baronne
de C....., quand j'y fais de la musique.

Ceci me permit de faire mes fameuses gammes en
octave que je tiens en réserve pour mes ennemis inti-
mes, celles-là mêmes qui produisent un effet si mer-
veilleux sur les chevaux récalcitrants. Ce fut le signal
d'une déroute générale, et je crus à une victoire com-
plète lorsqu'un individu imagina de m'écrire une lettre
touchante, prétendant que sa femme allait accou-
cher et me conjurant de la laisser dormir et de remettre

au lendemain la suite de mes exercices archi-mélo-
dieux.

A tort ou à raison, je m'attendris et consentis à ne pas
abuser de mes armes homicides.

Toutefois, je ne me serais peut-être pas montré aussi
magnanime si j'avais prévu ce qui allait se passer le
lendemain.

En effet, le Champ-de-Mars du quartier anglais se trou-
vant tout à côté de notre hôtel, je fus réveillé en sursaut
à quatre heures et demie du matin par mes officiers aux
oreilles délicates, qui faisaient faire sous mes fenêtres
l'exercice du canon !

J'avoue que, cette fois, je me déclarai définitivement
vaincu, et je détalai au plus vite pour Allahabad.

Aussitôt que l'on connut notre arrivée, une foule de
badauds, de colporteurs et de mandiants, envahit notre
demeure, étalant à qui mieux mieux leurs infirmités et
leurs pacotilles. Il y avait des aveugles, des boiteux, des
charmeurs de serpents, des jongleurs et des marchands
d'étoffes de Dehli que l'on ne trouve, par parenthèse,
qu'à Allahabad.

Le charmeur surtout, avec son air farouche, attirait
notre attention ; toutefois, il eût été imprudent de lui don-
ner une poignée de main, car, dès qu'on s'approchait de
lui, d'énormes cobras sortaient en guise de bras de des-
sous sa robe. Il avait sur lui tout ce qu'on peut désirer
en fait de scorpions, tarentules, boas, etc..

Cet honnête industriel, mahométan convaincu, nous
affirma qu'il parvenait à dominer ces reptiles par le se-
cours du prophète, et que ce miracle ne pouvait manquer
de contribuer à établir sa religion dans le monde.

En conséquence, il nasille une prière, puis il tire de
sa poche et embouche un flageolet, en entremêlant ses

mélodies d'*Allah-ah* frénétiques. Pendant ce temps, un affreux serpent à sonnettes, d'abord étendu nonchalament, relève la tête et s'élève à un pied au-dessus du sol en tendant le cou et dardant ses petits yeux noirs vers la main que son maître lui tend, puis il se dandine de gauche et de droite avec la régularité d'un métronome. Cette manœuvre, que je recommande aux amateurs d'escrime, fascine ceux qui la voient, et je comprends fort bien que les oiseaux s'y laissent prendre. On ne peut s'empêcher de suivre les mouvements de cette tête qui se balance ainsi, tandis qu'on se croit en sûreté parce qu'elle est éloignée; mais, pendant ce temps, le charmant animal rampe lentement sur lui-même, afin de gagner du terrain. Tout à coup il s'allonge avec la rapidité de l'éclair et vous enfonce son crochet venimeux dans la chair avant qu'on ait eu le temps de s'en apercevoir.

Plusieurs fois le cobra que nous regardions se précipita ainsi sur la main du charmeur, car son instinct l'y poussait sans doute, mais il ne le mordit pas et ne cessa de lanser pendant qu'il lui jouait du flageolet.

Cependant, nous n'étions à Allahabad qu'en passant, et notre principal but était de visiter Bénarès, Agra et les autres villes importantes des bords du Gange. Mais nous lûmes d'abord nous rendre à Calcutta, pour y présenter nos lettres de recommandations au vice-roi.

Nous espérions pouvoir descendre le Gange d'Allahabad à Calcutta, mais les eaux étant trop basses en ce moment, il fallut nous contenter du chemin de fer.

Dans notre wagon, nous avions pour compagnon de route un excellent homme, qui avait beaucoup voyagé dans l'Inde et qui paraissait très-disposé à nous donner tous les renseignements nécessaires.

On ne saurait croire à quel point il est difficile d'obtenir des détails exacts sur les pays mêmes que l'on traverse ; aussi étions-nous enchantés d'avoir fait la connaissance d'un cicerone si précieux et comptions-nous bien l'exploiter tout le long de la route. Il parla d'abord seul et fut fort intéressant, mais à nos questions sur Bénarès, il nous dit ce qu'il savait sur l'Hymalaya, et, l'ayant interrogé avidement sur le Cachemire, il répondit qu'il n'avait jamais été à Ceylan ! Hélas ! on n'est pas parfait : notre aimable interlocuteur était complétement sourd.

CHAPITRE IX

Après vingt-huit heures de route, nous arrivâmes le
décembre sur les bords de l'Hougli en face de Cal-
itta, à cinq heures du matin. Les lampes du wagon,
épourvues d'écrans, nous avaient fort incommodés pen-
int la nuit; en revanche, à peine arrivés, on les étei-
iit; c'était le seul moment où nous en avions besoin, la
uit étant encore complète.

Dans cette obscurité, ce fut tout un travail de re-
ouver nos effets, lits, couvertures, nattes, oreillers,
.cs, malles, cannes, fusils, revolvers, chapeaux, et au-
es objets qui embellissaient notre existence et que nous
imballions toujours avec nous; impossible de mettre
main sur rien. Nous perdîmes un gros quart-d'heure
empaqueter ce précieux attirail, et lorsque nous attei-
nîmes clopin-clopant le quai de l'Hougly, le bateau

chargé par l'administration du chemin de fer de conduire les voyageurs à Calcutta était déjà parti.

Nous voilà donc entourés d'une foule de nègres, d'Indous au buste bronzé, de coolis chinois et de portefaix de toutes nations, se disputant nos bagages comme des dépouilles opimes, chacun voulant en emporter un fragment d'un côté différent.

Les bateliers se querellent aussi pour nous entraîner dans leurs barques.

Enfin nous faisons prix avec l'un d'eux, nous descendons au moyen d'une échelle de corde le long d'une berge escarpée, et, par un vrai miracle, les coups de poing aidant, nous nous trouvons tous réunis, hommes et choses, dans le canot du passeur.

Ce n'est pas le Gange proprement dit qui passe à Calcutta, mais un bras de son embouchure nommée l'Hougly.

Il est si large qu'il est impossible d'y construire un pont, mais sa profondeur permet aux vaisseaux du plus fort tonnage d'y pénétrer; de sorte que Calcutta, bien qu'éloigné de la mer, est un des ports les plus considérables du monde.

Ce fut un spectacle splendide pour nous de voir les mâts de milliers de navires, venus de tous les pays de la terre, s'éclairer au soleil levant, et se profiler sur l'immense ville de Calcutta que nous voyions pour la première fois.

A mesure que la brume se dissipait, la ville entière apparaissait autour de nous comme le matin d'un beau jour après le sommeil.

Une demi-heure après notre débarquement, nous entrions dans le *great eastern hotel,* qui passe pour le plus confortable de la ville.

Le garçon de service, réveillé en sursaut, vint à nous les yeux gonflés et d'un air hargneux, puis, sur notre mauvaise mine, il nous conduisit d'emblée au quatrième étage, dans de petites chambres d'une malpropreté révoltante.

Bien que cet établissement soit très vaste et construit à peu près à la manière européenne, je n'hésite pas à déclarer qu'il est inférieur à celui de Bayculla. Le service surtout y est indignement mal fait.

On rencontre à la vérité dans les corridors un nombre incalculable de domestiques, portant avec une lenteur pleine de majesté quelques tasses de thé ou de café ; mais je crois qu'ils les avalent eux-mêmes, n'ayant jamais pu, pour ma part, me faire servir quoi que ce soit.

La table d'hôte offrait un spectacle étrange, qui aurait été amusant si nous eussions été nous-mêmes moins intéressés en cette affaire. Chacun se précipitait sur quelques débris qu'il n'obtenait qu'à la force du poignet — c'était une vraie curée.

Par bonheur, sir John Lawrence, le gouverneur général, eut la bonté de nous inviter à venir prendre nos repas chez lui.

Le palais du vice-roi, construit dans le goût italien, est immense et logerait toute une armée. Son apparence, un peu massive, est relevée par diverses colonnades d'un superbe effet.

Enfin, au centre de la cour d'honneur, se trouve un énorme bronze qui se dresse orgueilleusement comme la statue d'un empereur ; ce bronze est un canon.

Calcutta, qui renferme environ un million d'habitants, est une ville moderne et tout-à-fait anglaise. Ce n'est pas sans raison qu'elle est appelée la ville des palais, car on y voit un très-grand nombre de bâtiments considérables et des plus imposants. Ses rues sont droites et trois ou quatre fois plus larges que celles de Londres. Enfin, en plusieurs endroits, se trouvent des places aussi vastes que notre Champ-de-Mars. Cette largeur des rues est très-incommode sous une pareille latitude, car on est exposé partout à un soleil dévorant, et il est presque impossible de sortir dans le milieu du jour. Les Arabes et la plupart des Orientaux savent ce qu'ils font en construisant leurs rues étroites et tortueuses. Cette disposition force les différentes parties de ces ruelles à s'échauffer inégalement, ce qui provoque un courant d'air artificiel et entretient l'ombre et la fraîcheur.

Il est étonnant que des architectes, d'ailleurs aussi habiles que ceux de Calcutta, n'aient pas compris qu'un usage, excellent dans les pays du nord, ne l'est nullement sous les tropiques.

La place principale, située à l'extrémité occidentale de la ville près du port, est ornée d'une gigantesque et horrible colonne de briques rouges, que nous prîmes d'abord pour un phare, mais c'était bel et bien, paraît-il, un monument artistique élevé en l'honneur du général Auchtolony.

En somme, si Calcutta est une ville superbe, elle n'offre qu'un intérêt restreint au voyageur ayant tout avide de couleur locale.

La société se compose essentiellement de commerçants. Chacun passe ses journées à s'occuper de ses affaires et même de celles du pays, et la seule distraction que l'on prenne consiste à se promener vers six heures sur le Strand.

Ce bois de Boulogne de l'endroit, est une large allée située sur les bords de l'Hougli où les élégants se réunissent vers la fin du jour.

On y voit une foule d'équipages superbes attelés de
atre chevaux anglais, transportés à grands frais. Ces
tures ne se distinguent des nôtres que par les *Saïs*,
èces de palefreniers indigènes qui se tiennent assis
 les ressorts, en costume rouge ou blanc. Ils sont
écialement chargés d'ouvrir les portières, de retenir
 chevaux trop fougueux en se précipitant à leur tête,
fin et surtout d'éloigner les mouches en agitant sans
sc de longs balais de crins.

De jeunes Anglais conduisent eux-mêmes leurs *boggys*
de petits crevés indous cherchent à les imiter.

Les riches Indous qui habitent Calcutta adoptent, en
nde partie, l'horrible costume européen et y parais-
t on ne peut plus gênés. On reconnait cependant de
 leurs voitures à leurs chasseurs enturbannés, toujours
nés d'une canne d'argent de six pieds de haut.

Un peu plus loin se trouve l'*Eden garden* où se pro-
ment les piétons en n'écoutant pas la musique mili-
re des cipayes.

On se réunit vers la nuit tombante, et cette demi-obs-
ité, favorable aux amours, paraît plaire infiniment aux
bitants de Calcutta, qui, après avoir travaillé toute la
rnée, viennent respirer avec délice ce qu'on appelle la
icheur du soir.

En rentrant à l'hôtel, on nous apporta cérémonieuse-
nt un prospectus intitulé « *French dancing académy* »
ompagné d'une lettre de Mme Bestel en personne.

Cette dame nous avertissait qu'elle venait de rouvrir
 salons, et qu'en qualité de compatriotes, elle espérait
n que nous lui ferions l'honneur d'y venir souvent
sser la soirée.

N'ayant justement rien à faire ce soir-là, nous endossâ-mes nos meilleurs habits et nous nous fîmes conduire en chaise à porteurs à l'endroit indiqué.

Ce n'est pas sans peine que nous y arrivons, car tout le long du chemin nos gens ne cessent de répéter : « *Sab*, voulez-vous petits bibis ? voulez-vous gentils bibis ? » Mais nous ne comprenons pas cette expression, qui n'a sans doute *rien que de malhonnête* et nous restons iné-branlables, d'autant plus que chacun, nous tirant en même temps de son côté, au risque de nous semer sur la route, nous restons forcément dans le droit chemin (dont il faut éviter de s'écarter, surtout en voyage !)

Bientôt nous arrivons dans un quartier obscur et on nous dépose près d'une grille de bois, derrière laquelle fume un affreux lampion.

Aussitôt apparaît une grosse et épouvantable vieille, enrichie d'une face violette et luisante, qui se campe sur ses hanches en nous voyant, et déclare qu'elle n'ouvrira ses grilles qu'après avoir reçu deux roupies par personne.

« Payez, dit-elle, ou je n'ouvre pas ! » Cette réception inattendue nous fait réfléchir et ne nous inspire qu'une médiocre confiance en l'avenir de notre soirée ; cepen-dant, nous entrons par curiosité, tout en regrettant amèrement la magnificence de nos costumes !

Au premier étage, se trouve une salle qui ressemble aux salons de 100 couverts de Montmorency ou d'As-nières, éclairée par les éternelles lampes d'huile de coco et décorée de quelques chaises de paille trouées qui gisent çà et là.

Cependant, les musiciens nègres, placés sur le balcon, s'évertuent à souffler de toute leur force dans des instruments de cuivre, afin de faire croire aux passants qu'il y a grande fête à l'Académie française !

Peu après, quelques matelots et jockeys anglais entrent
uivis d'atroces..... biches allemandes, aux yeux gonflés;
lusieurs sont ivres mortes. « Voilà » dit madame
3estel en nous montrant « voilà des *messieurs de Paris*
ue je vous présente ; qu'est-ce que vous dites de cela ?
ous allez voir ! ils vont certainement nous chanter la
Marseillaise ! » De sorte que c'est nous qui devions
ervir de divertissement !

Cette charmante maîtresse de maison nous supplie de
ester toute la nuit chez elle, assurant que sa soirée va
evenir encore plus amusante ; néanmoins, nous nous
mpressons de lever la séance. Il fallut pour sortir,
ousculer cette duègne qui se mettait en travers de la
orte.

Oh ! les bals publics de Calcutta ! Aussi bien, étant
ès-fatigués de notre journée, commencée à cinq heures
u matin par le laborieux passage de l'Hougli, notre plus
rand désir est d'aller nous coucher au plus tôt.

Hélas ! à peine arrivés dans ma mansarde, je m'aperçus
ue ce serait rêver que de vouloir dormir.

En effet, ma chambre, ou plutôt mon alcôve, n'était
éparée de celle de mon voisin que par une cloison
asse, de sorte que nous avions un plafond commun et
ue j'entendais tout ce qui se passait chez lui. Or, ce
oir-là, il faisait ripaille avec un de ses amis, et ces deux
nglais avaient tellement bu, qu'ils chantaient à faire
émir l'âme de Beethoven dans son tombeau, et dan-
ient des gigues à défoncer le *great eastern hotel*.

Je pris d'abord patience, en songeant à la fragilité des
ies humaines, et espérant que celle-là aussi aurait une
; mais, vers une heure du matin, impatienté, épuisé
fatigue et ne pouvant fermer l'œil sans être réveillé
sursaut par le bruit des verres, je me décidai à inter-

venir, au risque de me faire une mauvaise querelle. Une première fois, je priai très-poliment mes voisins de s'amuser un peu moins bruyamment, s'il était possible, mais ils ne tinrent aucun compte de cet avertissement. Ce que voyant, je me fâche, déclarant qu'ils sont insupportables et les vouant à tous les diables de l'enfer. Ils continuent. Furieux, j'entre dans une sainte colère et leur ordonne de se taire, appuyant cette injonction d'un formidable coup de poing dans la cloison, qui me fait un mal affreux. Je ne doute pas que j'aurai un duel le lendemain, mais, du moins, j'espère avoir la nuit sauve.

Il n'en est rien. L'un de mes aimables voisins, armé de sa bouteille, entre en titubant dans ma chambre, me déclare qu'il veut fraterniser avec moi quoique je sois Français, et me supplie d'accepter un verre d'eau-de-vie. — J'avoue que je ne pus résister cette fois à tant de bonne humeur, et je bus de bonne grâce à leur santé.

Néanmoins, cette dernière santé ne leur réussit pas, car ils passèrent de leur gaieté exubérante à une lourde ivresse ; ils s'endormirent complètement et je pus enfin prendre un peu de repos. Le bazar de Calcutta est très considérable ; c'est tout une ville indoue, absolument indépendante de la première. Contrairement à ce qui s'est passé à Bombay et dans le reste de l'Inde, c'est ici la ville indigène qui s'est greffée sur celle des Anglais.

A Calcutta la physionomie essentiellement originale des natifs tend de plus en plus à disparaître. — Plus de caste, plus de préjugés ; il n'est plus question que de commerce. Leurs costumes se rapprochent des nôtres et les marchands oubliant l'indostani avant d'avoir bien appris l'anglais, baragouinent un patois cosmopolite composé de toutes les langues imaginables.

Quand, par exemple, un Français se promène dans le
azar, il est entouré, cerné, poursuivi par une foule de
abous, petits marchands qui se précipitent sur lui et le
rent de force par les bras en criant : « Viens chez moi
— toi, vas pas chez le voisin, il te volerait, lui fripon ! »
Ioi parler français — *Sâb-Sâb come in* — Quoi vous
emandez ?... Je l'ai, ajoutent-ils, avant d'avoir attendu
ι réponse. —On entre et l'on ne trouve rien.—*Sâb pic-*
ures — Voulez-vous pictures. — *Vere nice pictures*
âb » — et ainsi de suite.

Quelque peu disposé à marchander que l'on soit, il est
écessaire de le faire à Calcutta, si l'on ne veut payer
uinze ou vingt fois la valeur des objets ; seulement cela
emande un temps interminable, et pour acheter la moin-
re chose on est obligé d'y consacrer tout une journée.

Il faut le dire, si l'architecture indienne est splendide
t d'une merveilleuse richesse, les produits de l'indus-
'ie sont aussi peu variés que misérables. Ce fait frappe
irtout le voyageur qui connaît la Chine et le Japon. Les
eules choses, vraiment remarquables, sont les cachemi-
es et des étoffes brochées, d'une grande richesse et aux
iintes les plus harmonieuses.

A part cela, on ne trouve guère dans les bazars que
es pantoufles dorées, des houkas, des ivoires sculptés,
es boîtes de sandal et des dessins sur toile, vifs en cou-
ur, mais qui dénotent la plus complète ignorance des
:oportions et de la perspective.

Le docteur Moriana, médecin de Chandernagor, dont
ous avions fait la connaissance dernièrement, eut la
onté de nous faire visiter plusieurs choses importantes,
otamment la Martinière, vaste établissement où l'on
ève gratuitement plusieurs centaines d'orphelins.

Cette école, qui a coûté plusieurs millions, a été fondée par un Français, le général Martin. Il avait fait une fortune énorme, dans le siècle dernier, au service du roi de Lahore.

On est heureux de rencontrer au loin des hommes aussi éclairés et aussi complaisants que le docteur Moriana. Grâce à lui, nous avons passé tout une journée de la manière la plus intéressante, écoutant avidement les histoires qu'il nous racontait sur l'étrange pays qu'il habite depuis sa jeunesse.

Ce n'est certes pas lui qui nous a parlé de l'affection et du respect que l'on professe à son égard à Chandernagor. Mais il n'y a qu'une voix parmi tous ceux qui le connaissent dans cette colonie française, pour chanter ses louanges et parler de son dévouement et de son abnégation.

M. Moriana, entouré comme un sauveur miraculeux, ne peut faire un pas à Chandernagor sans être suivi par une foule de malheureux qui viennent implorer ses soins, et il est vraiment admirable de voir avec quelle bonté ce savant docteur s'occupe de sa pauvre clientèle, qui ne peut lui offrir en échange que de la reconnaissance et des vœux. Ne pouvant obtenir du gouvernement français aucun secours pour établir un hôpital, il a transformé une partie de sa maison en dispensaire et y distribue gratuitement les remèdes nécessaires aux malades qui viennent le consulter.

Nous avons visité ensemble le principal hôpital de Calcutta. On y remarque des exemples d'éléphantiasis et des scrotum monstrueux. Cette maladie, particulière au Bengale, faisait autrefois le désespoir des Indous ; mais aujourd'hui, grâce à l'habileté des chirurgiens européens, on pratique une excision qui la guérit radicalement.

Il paraît que les indigènes se laissent opérer avec une

grande facilité, et qu'ils sont presque insensibles à la dou-
eur.

Le docteur Moriana croit que le peu d'excitabilité de leur
système nerveux est dû à la nourriture végétale dont ils
usent, et à la fraîcheur du sang qu'elle entretient.

Une des *great attraction* de Calcutta est son fameux
jardin botanique, qui faisait l'admiration de Jacquemont.
On s'y promènerait des heures entières en voiture sans
parvenir à en traverser toutes les parties. Vous y trou-
vez des spécimens de toutes les plantes imaginables
rangées dans l'ordre le plus parfait; néanmoins, je préfère
le fouillis des forêts vierges.

On y remarque encore des palmiers de toutes les es-
pèces, des pandanus magnifiques, toutes les familles les
plus aristocratiques en fait d'yucas, de dracœnas, de bam-
bous, de tamarins et autres plantes tropicales; mais la
seule plante vraiment extraordinaire que nous ayions vue,
et qui est introuvable dans l'Amérique du Sud, c'est le
figuier des Banians. Cet arbre étrange laisse tomber verti-
calement de ses branches des rameaux en forme de
lianes qui prennent racine, grossissent rapidement et
forment bientôt autant de nouveaux troncs. Ceux-ci à
leur tour produisent d'autres branches, et ainsi de suite;
de sorte qu'un seul arbre forme, au bout d'un certain
temps, toute une petite forêt. Au premier abord, on se
croit entouré de plusieurs centaines d'arbres de même es-
pèce, mais en observant avec plus d'attention, on re-
connaît qu'ils sont tous reliés entre eux ainsi que je viens
de le dire. L'un d'eux s'est tellement multiplié, que tout
un régiment pourrait camper à l'ombre de ses rejetons.

Le soir de cette journée, déjà bien remplie, nous allâ-
mes chez le gouverneur général, Sir John Lawrence, qui,
après un somptueux repas, nous fit remettre une collec-

tion de lettres de recommandations pour les villes de
l'Ouest, vers lesquelles nous allions nous diriger.

Vers dix heures, il y eut grand bal et nous eûmes le
plaisir d'y voir le *High life* de Calcutta réuni au grand
complet.

Quelques radjas, autrefois riches et puissants, y figu-
raient tristement, osant à peine lever les yeux, et saluant
avec un profond respect les plus jeunes officiers qui pas-
saient dédaigneusement devant eux.

D'ailleurs, rien de bien saillant à citer dans ce bal offi-
ciel ; beaucoup d'uniformes, beaucoup de vins, un nom-
bre considérable de figures amaigries et décolorées ; enfin
pas mal de *flirtation*, à demi-cachées derrière les colon-
nades extérieures qui entourent la salle de bal, et que
j'observais discrètement. Quant au souper, il se distin-
guait par un déluge de champagne et surtout par d'énor-
mes blocs de glace jonchés de fleurs, que l'on avait placé
en différents points de la table, afin de rafraîchir l'air.

Ce genre de surtout a d'ailleurs été adopté en Angle-
terre et fait un charmant effet.

Cette fête nous retint cependant jusqu'à trois heures
et demie du matin, et après une heure de sommeil, nous
quittions *Great-Eastern-Hôtel* pour nous rendre à Chan—
dernagor.

Cette petite ville française, située sur l'un des bords de
l'Hougly, ne manque pas de grâce et ressemble un peu à
la partie neuve de Dieppe. Un quai assez vaste sert de
promenade et l'on y rencontre les autorités : le gouver-
neur, le curé, le percepteur et autres gens considérables.

La campagne voisine est on ne peut plus élégante,
ainsi, du reste, que tout le pays que nous avions traversé
depuis Calcutta. Autant le reste de l'Inde est triste, mo-
notone et dénué de végétation, autant le Bengale est

plendide. Partout des forêts de palmiers, des bouquets
e bananiers, des lataniers gigantesques; enfin, la végé-
ition tropicale s'y déploie dans toute sa magnificence.

Malgré ces avantages, Chandernagor, dénué de tout
ommerce, coûte plus à la France qu'il ne lui rapporte.
ette colonie n'est pas seulement inutile, elle est négative;
on ne peut en parler sans rire, et, franchement, il vau-
rait mieux en retirer quelque argent en la vendant aux
nglais que de les voir s'en emparer de force à la pre-
nière occasion. Il paraît que dès aujourd'hui, les officiers
e l'armée des Indes ne se gênent pas pour faire passer
eurs troupes sur notre territoire sans en demander l'au-
orisation au gouverneur.

Que doivent penser les habitants de l'immense ville de
alcutta en voyant l'acharnement avec lequel nous te-
ons à ce misérable et ridicule petit village?

CHAPITRE X

Le 12, nous partions pour Bénarès, bien heureux en songeant que nous allions y arriver en trente-six heures de chemin de fer, tandis qu'autrefois, il fallait un voyage de deux mois sur une route fatigante et ennuyeuse.

Nous eûmes la chance de trouver un wagon entièrement libre où nous étalâmes nos lits, nos malles et nos effets, comme dans une chambre d'hôtel. Finissant même par croire qu'il nous appartenait, nous reçûmes plus que froidement un voyageur qui vint réclamer sa place. Cependant, comme en ce monde rien n'arrive ainsi qu'on le prévoit, il se trouva que ce gentleman était un homme des plus aimables. Il nous fit passer le temps d'une manière charmante et nous raconta mille histoires sur le pays. Chaque chose qui se présentait le long de la route était pour lui matière à anecdotes. C'est ainsi qu'il nous fit remarquer une maison de campagne appartenant à un certain M. Hastings qui tient essentiellement à ce que les gens du voisinage ne le nomment jamais sans lui donner son titre *d'honorable*. Par malheur, les Indous, qui ont beaucoup de peine à prononcer l'anglais, au lieu de dire : « Honorable Hastings *Sâb* » l'appelaient « Horrible stink *Sâb*, » ce qui signifie « horrible monsieur puant ! »

Le 13, jour néfaste, fut pour nous un jour heureux, car ce fut celui de notre arrivée à Bénarès, la ville Sainte.

Calcutta est la capitale de l'Inde anglaise. Dehli était autrefois celle des Musulmans et de l'empire Mogol, mais Bénarès est toujours resté la capitale des Indous.

Cette dernière est incontestablement la ville la plus curieuse de l'Inde et peut-être du monde entier.

Il est à remarquer à ce propos que les trois pays que je viens de nommer, quoique superposés sur le même territoire sont aussi distincts que pourraient l'être l'Angleterre, l'Inde et la Perse placés l'un au-dessus de l'autre et n'ayant de commun que leurs limites géographiques.

Après avoir traversé le Gange sur un pont de bateaux, nous envoyons nos bagages au bungalow, situé dans un désert à une lieue de là, et nous nous précipitons au centre de la ville, avides de nous enivrer de son étrange couleur locale.

Bénarès est un fouillis inextricable de palais, de temples, de mosquées, de boutiques, d'escaliers et de ruelles encaissées, étroites et à demi-recouvertes par de larges auvents ; on croit descendre dans un puits et l'on arrive sur la terrasse d'une maison. On monte des centaines de marches, et l'on se trouve dans une cave. Tout y est invraisemblable, à la fois magnifique et affreux, absurde et artistique, riche et misérable ; on ne peut rien concevoir de plus bizarre.

À chaque pas l'on rencontre des fakirs nus, couverts de cendres, les cheveux rouges et hérissés. Ces fanatiques sont venus en pélerinage des pays les plus éloignés afin de se baigner dans les eaux du Gange, ce dont ils ont en effet grand besoin.

Une quantité de bœufs à bosse se promènent en maîtres dans les rues. Ce sont des bœufs sacrés ; malheur à qui leur manquerait de respect ; il courrait grand risque d'être assassiné. Un fait curieux, c'est que ces animaux paraissent eux-mêmes infatués de leur dignité : on dirait des hommes d'Etat ! Lorsqu'ils daignent se promener dans les rues, ils prennent le haut du pavé et bousculent impitoyablement les gens qu'ils rencontrent. Souvent ils pénètrent dans des boutiques et y mangent ce qu'ils trouvent à leur convenance, sans que les marchands osent les en empêcher.

On les voit surtout dans les temples, où ils se nourrissent de fleurs et de plantes aromatiques que les fidèles offrent aux idoles.

Mais, *proh pudor !* lorsque ces bœufs saturés d'eau bénite...... arrosent la terre de flots dorés, pour y répandre des richesses nouvelles, les brahmes se précipitent sous leur auguste personne, et se couvrent les mains de cette matière divine.

Les dévots font quelquefois un effroyable mélange appelé *pantchá-gávia,* avec du lait, du beurre, du fromage, de la fiente de vache et le liquide dont je viens de parler. Ils prétendent obtenir ainsi la quintessence de la vache, c'est-à-dire l'esprit de Vischnou, et ils l'adorent

comme un dieu particulier. Dans les cerémonies impor-
tantes, ils en avalent une honnête quantité, ce qui a le
privilége d'effacer leurs péchés.

Les temples de Bénarès ont tous la forme classique
d'une mitre d'évêque, et sont flanqués de quatre dômes
semblables un peu plus petits. La plupart sont construits
en pierre grise, savonneuse et sculptée avec le plus grand
soin.

Le principal temple de la ville est entièrement revêtu
de plaques d'or et de riches ornements. Les Anglais
l'appellent le *Gold temple*. Ses dômes abritent des
idoles de marbre que les fidèles inondent sans cesse
d'une pluie de fleurs.

Ce temple étant dédié à Vischnou, on en voit l'image
de tous côtés, sous la forme de statues, de bas-reliefs et
de linghams humectés d'huile bénite.

En pénétrant dans la cour de ce monument, des
brahmes nous avaient mis autour du cou des guirlandes
de soucis tressées avec beaucoup d'art. Or, les bœufs sa-
crés, très-friands de cette fleur, s'approchèrent de nous
familièrement, et nous firent l'honneur de les manger sur
notre épaule, à la grande satisfaction des assistants.

Le dôme principal de cet édifice est soutenu par une
élégante colonnade et renferme un énorme lingham à
demi-caché sous des monceaux de fleurs; c'est le saint
des saints. Par une faveur toute spéciale, on nous permit
de l'approcher, mais en nous maintenant toutefois à une
distance respectueuse.

Ce temple, aussi étrange que riche, est malheureuse-
ment enfoui au milieu d'une foule de maisons, de cabanes
et d'échoppes qui empêchent d'en distinguer l'ensemble,
et même de l'apercevoir avant d'y entrer.

Ce n'est pas seulement dans les temples que l'on voit

des dieux de pierre ; les rues en sont remplies. Devant presque toutes les maisons, se trouvent, en place de bornes, des *Gonnpoutis* ou des *Dourgapouja*, plus ou moins monstrueux, et toujours couverts d'huile ou d'eau bénite.

Nous passions ainsi nos journées à circuler dans la ville, regardant tout, croyant rêver, et ne pouvant nous rassasier du spectacle toujours varié qui nous entourait.

Le soir, nous reprenions terre au bungalow situé dans le camp anglais, et là, rien ne nous rappelait plus l'Inde, si ce n'est le riz au carry et la chaleur qui nous accablait sans aucune compensation.

Cet établissement, décoré du nom de Victoria-Hôtel, est un peu supérieur aux caravansérails que l'on rencontre dans l'intérieur du pays, et mérite presque le titre d'auberge.

Le jour de notre arrivée, un individu assez singulier se présenta chez nous et demanda si nous voulions le prendre comme guide. Il avait un pantalon bleu rapiécé de noir, une tunique à brandebourgs d'officier, beaucoup trop courte pour lui et un énorme *topi* qui lui couvrait la tête jusqu'aux épaules. Dans ce costume, il n'était qu'étrange, mais lorsqu'il enleva son gigantesque casque, il laissa voir une tête aussi épouvantable qu'effrayante pour un physionomiste. Sa longue figure osseuse et creusée était grêlée comme un écumoire, et semblait n'avoir jamais souri. Sa bouche était fendue comme celle des ânes de Montmorency, et ses larges oreilles ressortaient en rouge sur ses cheveux coupés ras. En un mot, il réalisait l'idéal de la laideur humaine, ce qui n'est pas peu dire.

Cet homme, né sur je ne sais quel bateau, ne connaissait pas sa nationalité, mais se croyait Anglais et répondait au nom de Georges.

Au premier abord, malgré ses excellents certificats, il nous fit l'effet d'un déserteur ou de quelque échappé de prison; toutefois nous l'interrogeâmes par curiosité et ses explications (dont nous avons depuis contrôlé la parfaite exactitude), nous intéressèrent beaucoup en sa faveur.

Georges, malgré son piteux extérieur, était fort instruit, il parlait anglais, français, indostani, bengali et italien (quelquefois même le tout en même temps). Il connaissait les éléments d'algèbre jusqu'aux équations du second degré, avait été attaché en qualité d'écrivain à la Banque de Calcutta, puis avait attrapé un coup de soleil qui l'avait rendu à moitié sourd et lui avait fait perdre la mémoire. Voyant qu'il ne servait plus à grand chose, ses chefs le mirent charitablement à la porte. Un voyageur l'emmena alors avec lui en qualité d'interprète, et le planta là, sans secours, aux environs d'Agra.

Dénué de tout, il traversa le Radjapoutana à pied, et vivant d'aumônes. Il se rendit ainsi à Bombay où il espérait se faire rapatrier, au moins en s'embarquant comme mousse; mais je ne sais quelles vicissitudes le conduisirent à Bénarès où il mourait de faim.

Or, comme je cherchais depuis longtemps un homme parlant français et indostani, je pris ce pauvre diable à mon service malgré sa surdité, et j'en fus parfaitement satisfait. Cet homme actif, dévoué, intelligent et d'une parfaite honnêteté, m'a rendu de vrais services durant tout le cours de mon voyage aux Indes et m'a prouvé une fois de plus, combien il fallait éviter de juger les gens sur la mine. Jamais la physiognomonie n'a été plus en défaut.

Dès le lendemain de son engagement, Georges commença ses fonctions de cicerone et nous fit voir plusieurs

hoses remarquables, entre autres le fameux temple des
inges.

Ce temple, construit comme ceux que j'ai déjà décrits,
st spécialement destiné à adorer le dieu singe.

En outre des idoles variées qui le représentent, on élève
ix cents de ces quadrumanes, auxquels les Indous prodi-
uent les plus grands égards et une nourriture qu'ils se
efusent à eux-mêmes.

Suivant l'usage, et pour payer notre écot, nous distri-
uâmes un panier de graines à ces animaux qui se préci-
itèrent aussitôt de tous les coins et envahirent complète-
ent la cour où nous étions.

Les singes sont devenus sacrés aux Indes depuis qu'ils
nt si vaillamment combattu avec les Indous dans la
uerre de Ceylan. Ce sont eux qui, inspirés par Brahma,
nt construit un pont sur la mer et ont ainsi rendu si
icile la conquête de cette île.

Aujourd'hui les singes se rendent moins utiles, car ils
évastent toutes les maisons voisines de leur temple et
s habitants font une pétition pour les faire transporter
espectueusement au milieu de la campagne. Le Radja de
adras, notamment, s'en plaint amèrement, car ces
etits monstres n'ont pas de plus grand plaisir que d'ar-
icher toutes les tuiles de son palais chaque fois que l'on
fini de le recouvrir.

Mais les Anglais jugent impolitiques de se mêler d'une
faire aussi grave, et les Indous ne s'étonnent jamais que
n s'en tienne au *statu quo*.

C'est de grand matin que nous fîmes cette visite au
mple des singes, car nous tenions à descendre le Gange
 moment où les Indous y font leurs ablutions, c'est-à-
re un peu après le lever du soleil.

Vers huit heures, en effet, nous prenions une barque en

chargeant le batelier de nous faire longer la ville dans toute sa longueur. Rien ne peut donner l'idée du spectacle qu'elle présente vue de large.

Les bords du fleuve sont entièrement garnis d'immenses escaliers et de terrasses appelés *ghauts*, qui se perdent entre une foule de temples et de palais gigantesques, échelonnés les uns au-dessus des autres. Les radjas les plus opulents tiennent à honneur d'édifier et d'entretenir dans la ville sainte ces monuments qui rivalisent entre eux de magnificence. Je citerai particulièrement le palais du Maha-Radja de Bénarès, avec ses vingt-quatre tours qui se baignent dans le Gange, celui du Radja de Madras et celui du Radja de Nagpour, construit en pierres roses du plus merveilleux effet.

Les ghauts sont envahis par une quantité innombrable de pèlerins venus des pays les plus éloignés pour se baigner dans les eaux du fleuve sacré, où ils espèrent trouver une vie nouvelle. Une partie d'entre eux s'y plongent déjà avec délices. Il est assez curieux d'observer l'habileté avec laquelle les femmes se déshabillent, au fur et à mesure qu'elles descendent dans l'eau, sans jamais se laisser voir par aucun œil indiscret.

De tous côtés, des brahmes en prière sont prosternés sur de petites jetées en bois, abritées du soleil par d'immenses parasols de paille. Ils se baissent sans cesse pour remplir d'eau des vases d'airain, qu'ils versent ensuite goutte à goutte sur leur tête en récitant des oraisons. Les fakirs, barbouillés de cendres, se jettent dans le Gange avec une ardente volupté. Ensuite, ils exécutent une série de génuflexions et de contorsions indescriptibles. Les cabrioles des singes que nous venions de visiter n'étaient rien à côté de celles auxquelles se livraient ces fanatiques dans leurs cérémonies, que l'on peut appeler à juste titre

BÉNARÈS

exercices religieux. Si les dieux des Indous considèrent la haute gymnastique comme une grande vertu, certes ils doivent être satisfaits de la piété des brahmes de Bénarès.

Il ne faut pas croire que cette grossière idolâtrie soit la religion des brahmes et des gens éclairés de l'Inde; elle est exclusivement le partage du peuple. Le brahmisme primitivement spiritualiste s'est matérialisé petit à petit en traversant les siècles, mais les brahmes éclairés ont conservé, avec leurs livres saints, leur morale dans toute sa pureté. Ces philosophes, loin d'être idolâtres, sont en réalité de purs déistes. Pour donner une idée de l'élévation de leur théologie, je citerai cette magnifique définition de Dieu que l'on trouve dans les *Védas*: « Dieu est celui qui fut toujours; il créa tout ce qui existe; une sphère parfaite sans commencement ni fin est sa faible image. Dieu anime et gouverne toute la création par la providence générale de ses principes invariables et éternels. Ne sonde pas la nature de l'existence de celui qui fut toujours: cette recherche est vaine et criminelle. C'est assez que jour par jour, et nuit par nuit, ses ouvrages t'annoncent sa sagesse, sa puissance et sa miséricorde; tâche d'en profiter. »

A la vérité, les brahmes prêchent le paganisme et le pratiquent publiquement, mais ils le font parce qu'ils croient le peuple incapable de comprendre une religion plus élevée. Voici une formule qui me parait de nature à bien faire comprendre leurs idées à ce sujet; c'est celle qu'ils adressent à leurs enfants au moment de leur initiation dans la caste brahmanique, lors de l'investiture du triple cordon :

« Souviens-toi, mon fils, qu'il n'y a qu'un seul Dieu maître et principe de toutes choses; que tout brahme doit l'adorer en secret : mais sache aussi que c'est un mystère, qui ne doit jamais être révélé au stupide vulgaire : si tu le faisais, il t'arriverait de grands malheurs. »

Un peu après la partie-des-ghauts où l'on fait les ablutions, se trouve une vaste berge d'où s'échappe une épaisse fumée. On y brûle des morts sur des bûchers qu'une foule de parents alimentent sans cesse. Enveloppés dans des linceuls blancs, les cadavres se consument à petit feu, et leurs cendres disparaîtront bientôt elles-mêmes dans les eaux du Gange. Morts sur une terre sainte, les derniers moments des défunts ont été heureux, convaincus qu'ils étaient de passer directement dans le nirvana.

La crémation a de grands avantages, puisqu'elle soustrait les corps à l'horrible décomposition qui les attend infailliblement en Europe, mais il ne faut pas la voir de trop près. Lorsque le crâne échauffé par les flammes craque et s'entrouvre, le spectacle qui s'offre à la vue des assistants est vraiment effroyable et laisse dans leur esprit une source de cauchemar qui ne saurait s'effacer. — Autrefois, les veuves se jetaient elles-mêmes sur le bûcher de leurs maris et ce sacrifice appelé *sutti* faisait le plus grand honneur à leur mémoire et à leurs familles, dans l'esprit du public.

Je n'ai pas eu le malheur d'assister à cet abominable et stupide sacrifice, car les Anglais l'ont défendu sous les peines les plus sévères, et maintenant on n'en cite que de très-rares exemples.

Je crois que jamais les femmes indoues ne se sont brûlées librement, mais les mœurs, les habitudes de leur pays les y contraignaient moralement, et elles ne pouvaient s'y soustraire sans s'exposer à supporter une vie mille fois plus pénible que la mort. De fait, on leur di-

sait : « Jetez vous dans ce bûcher, vous gagnerez le
nirvana et tous vous vénéreront comme une sainte ; ne
e faites pas, et vous serez méprisée, huée, repoussée par
ous, choisissez ! » Souvent alors elles préféraient la
mort, et le fanatisme ou je ne sais quels anesthésiques
es rendaient immobiles au milieu des flammes.

D'après la statistique de l'abbé Dubois, on comptait,
certaines années, jusqu'à sept cents victimes de cet
affreux usage, dans la seule présidence du Bengale.

Aujourd'hui, je le répète, les Anglais y ont mis bon
ordre, et quoiqu'ils laissent les Indous vivre à leur guise,
ils pendent haut et court tous ceux qui sont convaincus
d'avoir prêté les mains à un *sutti,* à un sacrifice humain
ou à tout autre pratique thuggiste.

Ce qui m'étonne, c'est qu'ils tolèrent encore les mons-
trueuses processions de Kali, où cette déesse du crime
est portée en triomphe avec son cortége de poignards,
de têtes coupées et de cadavres ensanglantés. Ces horreurs,
quoique simulées, ne peuvent pas engendrer des senti-
ments bien nobles chez une foule aussi idiote qu'enthou-
siaste.

Pour en revenir à Bénarès, je ne sais si j'ai pu donner
une idée du panorama qui se déroulait à nos yeux durant
toute notre promenade nautique. Je n'ai pu décrire
qu'isolément quelques-uns des mille objets qui m'avaient
frappés, mais pour se les représenter, il faudrait avoir vu
ces différentes scènes se passer en même temps, ces
ghauts couverts d'une foule affolée, ce mouvement in-
descriptible, les vêtements de soie et d'or des brahmes,
les guenilles des parias, l'air féroce des fakirs, l'attitude
calme des bœufs sacrés, et au second plan, des temples
et des palais innombrables entassés pêle-mêle, le tout

éclairé par un soleil tropical se détachant sur le beau ciel de l'Orient.

Ce spectacle est féerique et enivrant. Celui qui n'a pas vu Bénarès n'a pas vécu. Dussiez-vous gagner les bords du Gange en rampant sur les genoux, faites-le, vous ne le regretterez pas.

Au sud de la ville, et sur le point le plus élevé, se dresse l'orgueilleuse mosquée des musulmans, dont les minarets s'élancent jusque dans les nuages.

Malgré la chaleur toujours croissante, nous escaladons successivement les ghauts, le perron de la mosquée, une suite interminable d'escaliers, et parvenons enfin au bas de l'un de ses minarets. L'échelle de pierre qui s'y trouve ne nous effraye pas, et, quoique très-fatigués, nous entreprenons encore son ascension ; mais au sommet nous sommes payés de nos peines par une vue splendide.

Du côté du Gange, nous voyons les ghauts dans leur ensemble, tandis que toute la ville se déroule autour de nous, et nos regards plongent verticalement sur les toits disposés en terrasses, où les habitants prennent le frais, ou plutôt le soleil.

Oubliant notre observatoire, ils se croient seuls chez eux et exécutent librement mille scènes de famille. Les uns fument mollement étendus sur des nattes, d'autres jouent de la mandoline ; il en est qui étendent et font sécher leur linge ; des brahmes, assis sur leurs talons, disent leur chapelet ; des bayadères étudient des poses plastiques, et des femmes presque nues, ou plutôt recouvertes de leur abondante chevelure, chantent ou rient lorsqu'elles ne donnent pas le fouet à leurs enfants.

Enfin, le Gange, large d'environ deux milles, s'étale à perte de vue au milieu des campagnes environnantes ; il forme, par sa majestueuse tranquillité, une opposition pé-

ible à constater avec l'agitation insensée des hommes qui
ccupent ses bords. Nous aurions voulu passer des jour-
ées et des nuits sur le sommet de ce minaret en regar-
ant sans cesse ce merveilleux panorama, mais le temps
ous entraînait malgré nous.

Redescendus dans la ville, nous fîmes une promenade
tourdissante à travers une série de ruelles étroites, mon-
ant, descendant, tournant et nous retrouvant aux mê-
ies points, sans pouvoir avancer.

Georges finit enfin par découvrir des apparences de
hevaux qui nous ramenèrent à notre bungalow, où nous
ésirions vivement faire la sieste.

A peine endormis, nous sommes assaillis par une
uantité de colporteurs, prestidigitateurs, charmeurs de
erpents, etc. Ces derniers veulent à toute force nous
endre des graines qui sont, disent-ils, des talismans mer-
eilleux contre la morsure des serpents.

D'autres transforment par la vertu de Vischnou des
icines en plantes couvertes de fleurs et de fruits.

Des marchands nous présentent des choses assez cu-
euses, notamment des miniatures sur ivoire d'une
rande finesse, des houkas richement ornés et des boîtes
a bois de sandal sculptées. J'en ai rapporté une qui
rouve la patience inépuisable et le bon marché de la
iain-d'œuvre des ouvriers indous.

Cette boîte a la grandeur d'un petit œuf et en renferme
ingt autres, toutes admirablement conditionnées. Les
ernières sont si délicates qu'on ne peut les ouvrir qu'a-
ec des aiguilles, et cependant elles sont faites avec le
ième soin que les précédentes. Ce charmant joujou m'a
iûté trois annas, c'est-à-dire cinquante centimes.

Généralement, les marchands se gardent bien de mon-
er de suite ce qu'ils ont de mieux, et ils commencent

par demander un prix exorbitant de toutes choses, de
sorte qu'il faut une moitié de la journée pour parvenir
à voir ce qu'ils ont, et l'autre pour obtenir un prix qui
descend souvent au cinquième de ce qu'ils demandaient
d'abord.

Dans l'après-midi, nous allâmes au camp anglais, faire
visite et porter nos lettres de recommandation à
M. Shakespeare. Ce premier fonctionnaire de la pro-
vince de Bénarès se contente du titre modeste de *commis-
sioner*, quoiqu'il dispose en roi de l'existence de mil-
lions d'hommes. Il y a loin de là aux titres pompeux que
l'on s'administre gratuitement en Espagne et ailleurs.

M. Shakespeare nous accueillit admirablement, ou
plutôt nous accueillit à la manière anglaise, ce qui est
tout dire. Il écrivit, séance tenante, au Maha-Radja de
Bénarès, afin qu'il nous reçût le lendemain avec les
honneurs auxquels nous n'avions aucun droit et, le soir
même, il nous garda à dîner et nous présenta à toute
son aimable famille.

Si je suis intarissable sur l'hospitalité anglaise, dont la
magnificence et la cordialité ne s'est démentie nulle
part durant tout notre voyage, je me réserve le droit de
m'étonner du peu d'intérêt que les Anglais professent
dans toutes les parties de l'Inde pour tout ce qui est
indigène.

Figurez-vous, qu'il y avait chez M. Shakespeare
plusieurs personnes habitant le camp depuis près d'un an,
et qui n'avaient pas même encore songé à visiter Bénarès !

Quant à nous, non contents des heures que nous avions
passées dans cette ville pendant la journée, nous y
retournâmes encore le soir.

A vrai dire, les villes indoues sont trop silencieuses la
nuit. A partir de huit heures, toutes les boutiques sont

ermées, chacun se couche, et comme il n'y a pas d'éclai-
age public, on ne peut guère se guider qu'à la lueur de
a lanterne.

De loin en loin, quelques lampes fumeuses d'huile de
ocos annoncent cependant l'existence d'un être humain.

Guidés par des chants et des sons de harpes, qui
ésonnent au milieu du silence général, nous nous
pprochons de la maison d'où ils proviennent. Une
emme y chante accompagnée par plusieurs musiciens
roupés en cercle autour d'elle. Tous sont assis par terre
t, sans s'interrompre, nous invitent d'un geste à nous
lacer près d'eux. Leurs mélodies étaient monotones,
ais douces et voluptueuses. Si l'on veut donner le nom
e musique à ces notes plaintives et prolongées, certes,
notre point de vue, cette musique est très mauvaise;
ais ces notes, tirées d'un même accord tonique, consti-
ent un art particulier, sans nom en Europe, qui,
gissant sur les nerfs, vous fascine et vous charme. Ne
eut-on se passer quelquefois de la science? Le vin n'est
as savant, et pourtant il enivre.

Les sons indous doivent être écoutés sous le soleil de
Orient et dans le silence le plus profond — il faut sa-
oir en deviner le sens, comme le fumeur sait lire dans
es spirales de sa fumée.

Nos musiciens indous avaient assurément du talent,
ais nous n'en fûmes que plus étonnés de les enten-
re se proclamer naïvement les meilleurs artistes de
univers!

La fin de ce concert fut interrompue par un tapage
fernal, détonations de pétards, coups de grosse caisse,
sées, etc., c'était un mariage.

En tête, marchaient des hommes armés de torches et
e feux de Bengale, puis des joueurs de hautbois et de

cymbales et enfin les parents du futur, chargés des cadeaux qu'ils allaient porter à sa fiancée.

Tous ces gens, dans leurs habits de fête, seuls, éclairés au milieu des rues désertes et de l'obscurité, produisaient un spectacle fantastique. Malheureusement ils passèrent vite, et le bruit de cette fête s'éteignit dans le lointain comme le souvenir d'un rêve.

Le lendemain, au point du jour, le Maha-Radja de Bénarès nous envoya sa voiture, en nous faisant dire, qu'averti par le gouverneur de notre arrivée, il serait heureux de nous donner audience le jour même.

Nous nous habillons donc en toute hâte et partons. Après une promenade d'une heure à l'air frais du matin, nous atteignons la partie du Gange en face de laquelle s'élève le magnifique palais du Maha-Radja entouré de fortifications et de ses vingt-quatre tours. Là, les porteurs de Son Altesse nous attendent avec des palanquins artistement décorés, et nous font traverser à pied-sec la partie marécageuse du fleuve. Puis nous montons dans un petit bateau au centre duquel se trouve une roue à aubes destinée à remplacer les rames. Quatre hommes aux bras nerveux la font tourner, et nous gagnons le large en admirant dans le lointain Bénarès et ses dômes pointus enveloppés dans un nuage mystérieux et dorés par les rayons du soleil levant.

En débarquant nous sommes reçus par des officiers que le Maha-Radja avait envoyés au-devant de nous. Ils nous font de profonds salams et nous escortent jusqu'au palais situé à une centaine de pas du rivage.

Nous faisons ce trajet en grande pompe, sur un éléphant richement caparaçonné et recouvert de drap d'or. Un interprète nous suit à cheval, et un page, armé d'un immense parasol rouge, doit nous abriter du soleil. Tant que nous sommes tranquillement installés sur le dos de notre éléphant, sa mission est facile ; mais bientôt son embarras deviendra extrême, ainsi qu'on le verra plus loin.

En effet, à peine arrivés dans l'enceinte des fortifications, peu soucieux de l'étiquette orientale, nous descendons de nos éléphants et nous promenons comme de simples mortels, afin de voir de près les différentes façades et l'architecture du palais.

Ici, ce sont des parterres de fleurs éblouissantes, là des statues bizarres ou des cages renfermant des bêtes féroces. On nous montre, entre autres, un tigre qui avait mangé quatorze personnes dans les environs, et que l'on avait fini par prendre dans un piége.

Cette promenade vagabonde dans les cours du palais renverse toutes les idées de notre escorte sur l'importance de nos personnes, et nous passons dès-lors à leurs yeux pour des gens de fort peu de valeur. Plusieurs officiers répriment un sourire, mais le plus désappointé est le malheureux page qui s'essouffle à nous poursuivre partout avec son parasol. En vain il s'évertue à le placer toujours au-dessus de nos têtes pour remplir consciensement sa mission, et lorsque nous nous séparons, son embarras devient des plus comiques ; le pauvre diable s'épuise à courir de l'un à l'autre, cherchant à distinguer le personnage le plus considérable afin de l'abriter. Il fait peine à voir, et nous mettons fin à son supplice en nous arrêtant sous le péristyle principal.

Au bas d'un vaste escalier, se tient un Indou qui nous accueille de l'air le plus gracieux. Sa physionomie est avenante et sympathique, si toutefois il nous est possible d'en juger par la moitié de sa figure, l'autre étant cachée sous une épaisse moustache grise. Il porte une longue robe de cachemire richement brodée, un large turban de même étoffe, des pantalons de soie violette rayée de blanc, et des pantoufles de drap d'or. C'est Son Altesse le Maha-Radja, ancien roi de Bénarès. Les Anglais lui font une pension de deux millions de roupies, en échange du royaume dont il a dû céder la souveraineté.

Après nous avoir serré cordialement les mains, il nous conduisit dans la principale galerie de réception de son palais.

Cette salle, très-vaste, est percée d'une double rangée de fenêtres en vitraux coloriés, qui donnent sur un beau balcon suspendu au-dessus du Gange.

Des nattes tressées avec des plantes aromatiques sont suspendues devant les fenêtres ouvertes, de façon à intercepter les rayons du soleil, et comme on les humecte fréquemment, elles ne laissent pénétrer dans les appartements qu'un air rafraîchi et parfumé.

Au bout d'un instant, notre hôte s'assit sur une espèce de trône, et nous plaça à ses côtés, demandant ce qui nous intéressait le plus dans l'Inde et ce qu'il pouvait faire pour nous.

Malheureusement cette conversation ne pouvait se faire que par l'intermédiaire d'un interprète, ce qui en détruisait toute la couleur et devint si fatigant qu'il nous fallut y couper court assez rapidement.

Une quarantaine de courtisans, revêtus de leurs magnifiques costumes de soie, étaient placés en demi-cercle autour du trône, et nous étions assez embarrassés de nos vêtements grotesques qui nous donnaient l'air de vrais barbares, et n'étaient assurément pas relevés par le charme de notre conversation.

Au bout d'un instant, des musiciens vinrent se placer

nos pieds et nous firent entendre de ces airs doux et
réables quoique monotones, dont j'ai déjà parlé.

L'un d'eux, cependant, exécuta des variations très
illantes sur une cithare à deux caisses, et produisit des
ets de sonorité remarquables, mais sans jamais sortir
la tonique. Notre carnaval de Venise peut donner une
ée de ce genre de musique. — L'air que j'ai transcrit
après est un de ceux qui, par leur langueur, plaisent
plus aux Indous.

Pendant que ces artistes s'escrimaient ainsi, le Radja
us fit voir uue collection d'armes des plus remarqua-
es, que l'on apportait successivement sur des coussins
velours. Il y avait des sabres, des poignards et des
iss aux lames flamboyantes, dont les poignées d'or
aient incrustées de diamants et autres pierres pré-
uses.

Suivant l'usage oriental, le Radja nous fit fumer
mmenses narghilés, appelés houka, dont les tuyaux
nés de perles, avaient les dimensions d'une corde à
its.

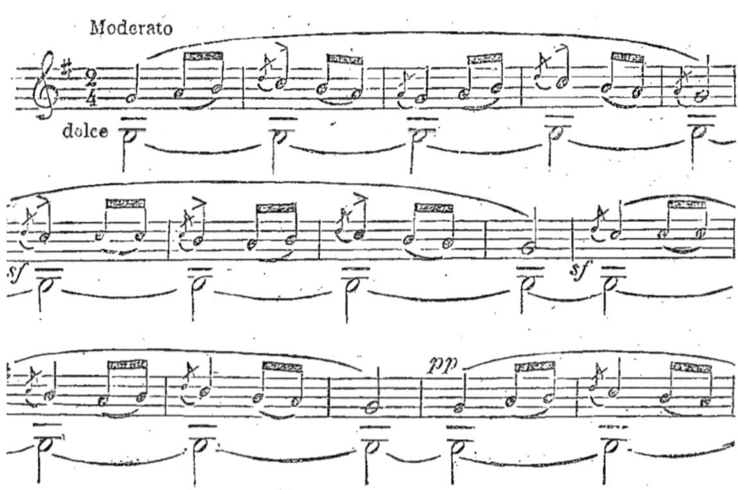

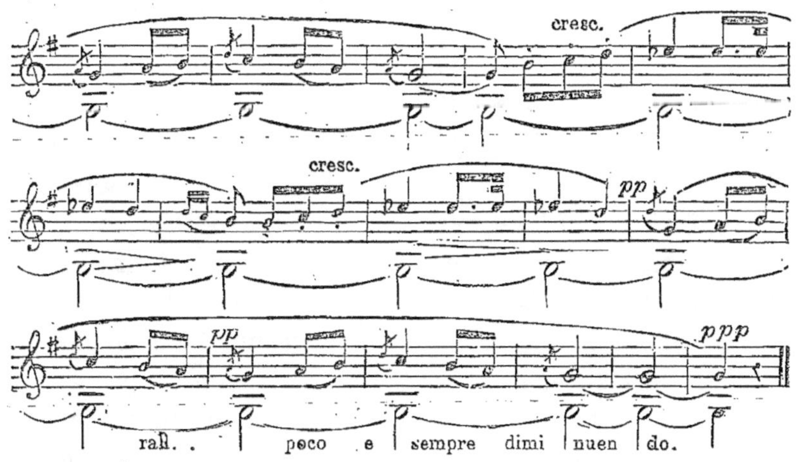

Je ne sais si nous avions grand air en face de ces majestueux appareils, mais nous ne dissimulions qu'avec peine nos efforts pour faire le vide dans ces tubes gigantesques. Je crois, en vérité, que l'étude de l'ophicléide est une volupté comparativement à celle du houka.

Enfin, comme aux Indes il n'y a pas de bonne fête sans natchs, des bayadères s'approchèrent à leur tour et dansèrent leurs pas les plus lascifs.

A vrai dire, ce furent les seules femmes vraiment jolies que j'aie vues dans l'Inde. L'une d'elles surtout, avec ses grands yeux noirs, l'ovale admirable de sa figure et sa démarche langoureuse, était merveilleusement belle.

De longues grappes de perles tombaient sur son front et encadraient son visage; quant à son costume, il réunissait tout ce que l'on peut concevoir en fait de richesse, d'élégance et de bon goût.

Une autre avait un petit air mutin et espiègle des plus agaçants, et je vous assure qu'elle ne paraissait guère intimidée devant son seigneur et maître; je dois même dire qu'elle lui adressait fréquemment certains sourires

qui annonçaient que les meilleurs rapports régnaient
entre eux.

En revanche, elles se moquaient franchement de nous,
de nos costumes ridicules, des efforts infructueux que
nous faisions pour fumer nos houkas, et de la toux que
cet exercice provoquait sur nous.

Au bout de deux bonnes heures, nous comprîmes
que l'on avait épuisé la série de divertissements pré-
parés à notre intention, et nous jugeâmes convenable
de lever la séance. Alors le Maha-Radja nous aspergea
de parfum et mit au cou de chacun de nous un collier
en étoffe d'or et d'argent, nous priant de garder cette
décoration en souvenir de lui.

Nous revînmes en suivant exactement le même che-
min, montant successivement sur l'éléphant, dans le
bateau à aubes, les palanquins et la splendide voiture
qui nous attendait sur la rive gauche du Gange.

Dans l'après-midi, le Maha-Radja nous envoya des élé-
phants, couverts de leurs plus beaux ornements, afin de
nous faire faire une promenade d'apparat dans la ville.

Il était vraiment curieux de voir le soin avec lequel
ces colosses s'avançaient dans les ruelles du bazar, me-
surant chaque pas, et ne posant un pied qu'après avoir
acquis la certitude qu'ils n'écraseraient personne.

Malgré cela, les passants se collent contre les murs
dès qu'ils nous aperçoivent, et les rues sont si étroites,
que, sans y prendre garde, nous écornons de temps en
temps un toit, un auvent ou un balcon.

Le dos de nos éléphants constitue un observatoire
encore meilleur que le minaret de la grande mosquée, car
il nous permet de plonger directement les regards dans

le fond des maisons, au grand désespoir des habi-
tants, et nous y voyons des scènes d'intérieur des plus
attrayantes.

Quant à nos bons éléphants, tout en marchant d'un
air indifférent, ils ne cessent de faire rouler leurs petits
yeux de tous côtés, et balayent de leurs trompes tout ce
qu'ils aperçoivent en fait de fruits et de comestibles mal
gardés. Chemin faisant, nous entendons un grand bruit
de tam-tam et de tarabouks; c'est une procession de
fakirs se dirigeant vers le Gange. En nous voyant, elle se
précipite et nous environne, ce qui nous permet de voir
de près une affreuse collection d'hommes immondes,
hâves, horribles et dégoûtants de bouse de vache. Au
premier moment, en considérant leurs yeux sortis de leurs
orbites, et leurs gestes incohérents, nous ne sommes pas
sans inquiétudes, craignant que ces fanatiques, qui nous
considèrent comme des mécréants, ne nous écharpent
par piété, mais ils se contentent de danser un quadrille
infernal autour de nos éléphants qui les regardent avec
une pitié profonde. Fatigués de ce triste spectacle, nous
leur jetons une roupie et continuons notre route.

Le 16, nous nous levâmes encore à des heures indues,
afin de faire, avant la chaleur, une promenade avec
M. Shakespeare qui avait bien voulu venir nous prendre
dans sa voiture à huit ressorts.

Tandis que nous nous prélassions dans cet équipage,
ses filles galopaient sur de charmants chevaux anglais.

Il s'agissait de visiter une vieille ruine bouddhiste
dont l'origine est inconnue. Ce bâtiment de brique a la
forme et les dimensions du château Saint-Ange. Il était
garni jadis d'un revêtement de pierre et d'inscriptions
qui prouvent sa haute antiquité, mais aujourd'hui il n'en
reste plus rien.

En somme, ce monument est affreux, mais on nous a
suré qu'il était extrêmement intéressant.

Près de là, se trouve le collége que les Anglais ont
ndé pour les indigènes. On y enseigne le sanscrit, le
rsan, l'anglais et l'indoustani. Ce qu'il y a de curieux,
est que ce sont des professeurs européens qui font le
urs de sanscrit, langue aujourd'hui oubliée par les
dous, et dont les brahmes seuls prononcent, sans les
mprendre, quelques mots dans leurs prières.

M. Greffith, directeur de cette école, a traduit en anglais
ut le *ramayana*, le fameux poëme épique des Indous,
il m'a paru enthousiaste de cette littérature antique.
Cet établissement est situé au centre d'un parc char-
ant et fort bien installé sous tous les rapports. Le
ul reproche qu'on puisse lui faire, c'est qu'étant
ti très simplement à l'intérieur, il est au dehors sur-
argé d'ornements inutiles.

La raison qu'on nous en a donnée est assez originale.
paraît que les natifs, naturellement très-soupçonneux,
uscrivent difficilement aux entreprises qu'on leur pro-
se et ne déposent les fonds qu'à la fin des travaux, afin
être sûrs qu'ils seront employés à leur gré. C'est ce qui
t arrivé pour le collége de Bénarès ; d'abord ils ne vou-
ient rien donner, puis, voyant le corps du bâtiment
esque terminé, ils ajoutèrent des sommes considérables
l'on ne put dès lors employer qu'à faire des bas-reliefs
des sculptures extérieures.

Nous rencontrâmes chez M. Greffith, le fameux, l'illus-
e docteur Lazarass. Tout le monde, aux Indes, a en-
ndu parler de ce médecin, au moins à la quatrième
ge des journaux.

On peut lire en effet chaque jour :

« Prenez les pilules du docteur Lazarass!... Guérissez,

n'arrachez pas...... Supériorité incontestable des emplâtres du célèbre docteur, » et autres vérités affirmées et confirmées par toutes les sociétés savantes du pays.

Or, ce personnage, auquel M. Longfellow était recommandé, avait des relations avec les principaux habitants de Bénarès, et nous proposa de nous faire faire leur connaissance.

Il nous conduisit, le jour même, chez un prince du Népaul qui, vraisemblablement, devait tenir beaucoup plus à la visite de son médecin qu'à la nôtre. On en jugera.

Ce prince est le fils du roi de Népaul, que son grand-vizir a récemment fait emprisonner après lui avoir fait crever les yeux.

Ce charitable et reconnaissant ministre l'invite souvent à revenir en son pays, ce qu'il n'ose faire de crainte d'être étranglé et il vit misérablement dans une petite maison entourée d'un grand mur noir, de l'aspect le plus triste. Intérieurement, les salons sont peints à la chaux, et les seuls ornements que l'on voit sont des gravures représentant Napoléon Ier et Napoléon III dans toutes les positions possibles.

On sert au prince de Népaul une assez forte pension, mais tout ce qu'il possède passe à l'entretien d'un harem considérable dont il a tellement abusé, qu'il est devenu presqu'idiot et incapable d'aucune *action énergique*. C'était du reste le but de ce ministre qui pouvait craindre à chaque instant de voir le roi fomenter une révolte contre son usurpation.

Ce malheureux Radja vint à nous dans une vieille robe ouatée, avec une calotte de velours et un cache-nez, par 35 degrés de chaleur. Ses mains tremblaient, ses dents claquaient et il présentait le spécimen d'épuisement le plus navrant que j'aie jamais vu.

Après avoir bégayé quelques formules de politesse,
l se hâta de s'étendre sur des coussins où il passe sa vie à
umer en pensant au royaume de ses pères ou plutôt en
ie pensant à rien.

Il paraît que le triste exemple que nous avions sous
es yeux est très-fréquent aux Indes, grâce aux excès aux-
[uels se livrent les jeunes gens dès l'âge le plus tendre.
A vingt ans, ils sont déjà presque tous impuissants ; aussi,
lisait le docteur, il est rare que les Radjas aient des
infants !

Après une assez courte visite, nous prîmes congé de ce
eune vieillard, et il nous jeta des parfums rances qui
irent des taches vertes sur nos vêtements.

En continuant notre tournée, nous arrivâmes chez un
iutre radja, nommé Naring-Sing, que les Anglais ont
gratifié du titre de *Sir*, pour le récompenser de son dé-
vouement à leur cause au moment de l'insurrection.

Le parc qui entoure son habitation est orné de bassins,
le canaux et de jets d'eau dispersés au milieu de ravis-
sants bosquets de roses et de jacinthes.

Le palais, tout en marbre, se dresse sur un perron élevé
et son aspect est des plus élégants. Le rez-de chaussée est
in portique à jour, car le premier étage n'est soutenu
[ue par des colonnes et des arcades mauresques artiste-
nent crénelées. Enfin, le plafond ogival représente un
iiel parsemé de fleurs, et une galerie est disposée à l'in-
érieur du salon principal, de façon à permettre aux fem-
nes de la famille du radja de voir sans être vues.

Sir Naring-Sing vint au-devant de nous en tunique
ioire, calotte de velours brodée d'or, et pantalon de soie
collant. Il nous reçut avec une amabilité parfaite, puis,
aisant peu de cas de ses galeries orientales, il attira
iotre attention sur un tableau représentant un bateau à

vapeur anglais. Il nous pria ensuite d'assister le lendemain
à une natch qu'il allait organiser en notre honneur, et de-
manda quel jour nous pourrions venir dîner chez lui, hon-
neur qu'il pouvait nous faire sans déroger, en sa qualité de
musulman. Nous acceptâmes la natch en éludant le dîner,
mais son fils nous poursuivit, nous suppliant d'accepter.
« Pourquoi, disait-il, ne voulez-vous pas recevoir notre
hospitalité? Cela nous afflige profondément. » Nous tran-
sigeâmes pour un petit souper à la fin de la soirée.

Quand nous arrivâmes le lendemain, le parc était
entièrement illuminé. Les lampions et les feux de
Bengale reflétaient leurs lumières dans les pièces d'eau
et produisaient un effet ravissant. Les Indous, habitués
à leur soleil éclatant, aiment passionnément la lumière,
et dans toutes leurs fêtes de nuit, l'éclairage des salons
est deux ou trois fois plus brillant que dans les appar-
tements les plus riches de Paris.

La grande galerie était donc resplendissante. Le Radja
nous fit asseoir sur un magnifique canapé d'argent, et
aussitôt des bayadères, entièrement couvertes de bijoux
splendides, se mirent à danser avec une grâce mer-
veilleuse.

Leurs costumes se distinguaient de celui des bayadères
de Bombay par des pantalons en forme d'entonnoirs
renversés, très étroits en haut et larges d'environ un
mètre à la base.

Leurs robes de drap d'or s'élargissaient de la même
façon, et souvent elles en soulevaient les pans en demi-
cercle, comme font les ailes d'un oiseau de paradis qui
s'envole.

Après cette natch, qui se prolongea fort avant dans la
nuit, on servit un souper gigantesque préparé pour
plus de trente personnes, quoique nous ne fussions que

deux. — Le service était fait à la française et très soigné. — Il y avait des pâtés d'huîtres, un énorme jambon, des pyramides de poulets et de gibier s'élevant à plus de deux pieds, du riz au carry pour un régiment de cipayes, des gâteaux pour un collége affamé, des fruits de toutes sortes, ananas, oranges, cédras, avocats, pistaches, etc., et enfin huit ou dix bouteilles de bordeaux et de champagne pour chacun de nous.

Malgré notre bonne volonté, il nous a été impossible de faire honneur à ce festin de Gargantua, et nous paraissions faire la petite bouche. Jamais je n'ai tant regretté de ne pas avoir les quatre estomacs d'un ruminant.

En somme, nous avons été enchantés de cette fête et de l'extrême affabilité de Naring-Sing.

Hélas! je crois que si quelque radja venait visiter Paris, il courrait grand risque de ne pas être reçu de la sorte par nos compatriotes, et il serait surtout peu probable qu'on s'inquiétât de lui servir un repas de son goût.

Un autre jour, nous allâmes passer la soirée chez un homme beaucoup plus modeste, mais non moins intéressant; c'était le vénérable docteur Léopold, missionnaire protestant établi dans le pays depuis de longues années et estimé de tous ceux qui le connaissent.

Il paraît que depuis 1857, les Anglais encouragent fort peu le prosélytisme religieux, afin de ne pas éveiller la susceptibilité des Indiens et éviter de susciter une nouvelle insurrection.

D'ailleurs, ils constatent que les natifs soi-disant convertis, ont perdu leur religion sans être devenus de bons chrétiens.

Méprisés de tous leurs compatriotes, ils sont déchus de leur caste, tombent plus bas que les parias, ne peuvent même plus se procurer de travail et sont traités comme des lépreux.

Ils en concluent que les personnes qui s'intéressent à eux, doivent leur laisser exercer tranquillement leur religion, du moins lorsqu'elle ne fait de mal à personne.

Cependant le docteur Léopold entretient un orphelinat et administre gratuitement des secours à tous ceux qui en ont besoin.

Il nous a raconté qu'une nuit, un voleur avait tenté de s'introduire dans sa modeste demeure en pratiquant une ouverture au bas de l'un de ses murs. Or, à peine avait-il arraché une ou deux briques mal jointes, que le doigt de la providence se montra sous la forme d'un serpent cobra qui sortit de cette cachette, s'élança sur lui et le mordit. Le malheureux allait mourir lorsque le docteur, averti à temps, le sauva en lui administrant une énorme dose de belladone et de thé vert.

Il paraît que la morsure de cet affreux reptile amène d'abord de très vives douleurs, puis un sommeil profond, précurseur de la mort, et si l'on parvient à empêcher le malade de s'endormir, il ne meurt pas de sa blessure.

Presque tous les jours nous trouvions en rentrant au bungalow, de larges corbeilles de fleurs et de fruits artistement disposés, que divers radjas nous envoyaient.

Ce présent, appelé *dolis*, est très à la mode aux Indes, et l'on ne fait pas la connaissance d'un radja sans qu'il vous envoie immédiatement son dolis.

Son Altesse le Maha-Radja de Bénarès, et Sir Naring-Sing nous avaient annoncé leurs visites pour le 18, et nous ne savions trop comment faire pour les recevoir dignement dans notre affreux taudis.

Cependant, au jour indiqué, nous procédons, dès le

iatin, à la toilette intelligente de notre meilleure
hambre.

Longfellow met sur mon lit sa belle couverture mexi-
aine, et cale la table, tandis que je masque les trous du
arquet avec les paniers de fleurs que nous venions de
ecevoir. Mais le grand effet de ce salon improvisé, c'est
i trône que nous fabriquons en étendant un couvre-pied
ouge sur un fauteuil cassé ; puis nous plaçons en demi-
ercle de chaque côté les chaises les plus élégantes que
ous pouvons trouver.

A peine les décorations de nos appartements sont-
les terminées, que nous entendons le bruit d'une voi-
ire. — C'est Naring-Sing. Avant d'entrer, il nous fait
emander si nous voulons le recevoir. Nous nous em-
ressons aussitôt d'aller le chercher et nous l'amenons
iajestueusement sur son trône.

Après de pareils travaux, il semblait que nous dus-
ions jouir de cette tranquillité sereine que donne le sen-
ment du devoir accompli ! Mais loin de là, nous étions
ir des charbons ardents.

Eneffet, nous venions d'apprendre que le Maha-Radja
tait l'ennemi intime de Naring-Sing, et comme il nous
vait donné rendez-vous à la même heure, nous crai-
nions à chaque instant de le voir entrer.

Bientôt, les compliments d'usage étant terminés, la
onversation languit et cette réception à charge à tous
ie rappela celles de certaines maîtresses de maison de
ia connaissance.

> « Il ne me disait mot, nous ne lui disions rien.
> « C'est ainsi que finit ce pénible entretien.»

Cependant le danger devenant imminent le ciel m'ins-
ira soudain un moyen héroïque de terminer la séance,

le même qui m'avait servi si utilement à faire partir les chevaux de Dhoûna. Je pris mon violon ! Bien aise de profiter de l'occasion pour faire mes exercices, je me mis à exécuter une série de gammes en affirmant au radja que c'était un air national des plus appréciés en Europe. A la vingtième, le patient se leva et s'enfuit en m'assurant du grand plaisir qu'il avait eu à me voir et à m'entendre.

A défaut d'huile de rose ou d'autres parfums orientaux, je versai une honnête dose d'eau de lavande dans le creux de la main de mon hôte, car il faut faire à Rome comme les Romains, et il se retira enchanté.

Il était temps ! un moment de plus et il rencontrait le Maha-Radja de Bénarès.

Celui-ci arriva avec grand fracas, dans un magnifique équipage, précédé d'un coureur à cheval et accompagné de ses vizirs, d'un interprète et d'une foule de serviteurs habillés de rouge.

Le Maha-Radja est grand chasseur ; aussi, s'entendit-il à merveille avec Longfellow, qui lui fit voir, à son tour, tout son arsenal de revolvers, carabines, fusils de chasse, poignards, etc. Mais ce qui parut l'intéresser au suprême degré, ce fut sa fameuse carabine *Spencer*. Il la tourna et il la retourna dans tous les sens, puis le supplia de lui en envoyer une de New-York, à son prochain voyage en Amérique.

Par malheur, en la maniant ainsi, il s'aperçut que les cartouches étaient graissées. Aussitôt il changea de figure. Sa physionomie douce et joyeuse jusque-là, devint tout-à-coup sérieuse et sombre. Evidemment, il se croyait insulté et repoussa la carabine avec horreur et indignation.

Confus de ce contre-temps, nous comprîmes trop tard que la graisse dont les balles étaient enduites devaient paraître des plus suspectes à un brahme, soit qu'elle provînt d'un bœuf, animal sacré, ou d'un porc, animal immonde, et qu'il ne pouvait y toucher sans commettre un sacrilége. Nous nous empressâmes de lui faire comprendre que l'on n'employait que de la graisse de mouton, mais l'effet était produit, il ne fut plus question des armes américaines, et à partir de ce moment l'entretien resta froid et guindé.

Cependant, avant de nous séparer, nous nous fîmes, flacon d'eau de lavande en main, des promesses d'amitié éternelle, et le Maha-Radja nous promit d'entretenir avec nous une correspondance suivie; mais les Indous sont tant soit peu Gascons, bien fol est qui s'y fie.

Dans la journée, on m'amena, en le tenant par l'oreille, un gredin qui venait de me voler le collier que le Maha-Radja m'avait mis autour du cou et qui, par parenthèse, ne pouvait lui servir absolument à rien. Au premier moment, saisi d'admiration devant le beau dévouement de cet agent de police improvisé, je le récompensai largement, mais j'appris ensuite que ces deux individus s'entendaient probablement ensemble, et que leur seul but était de se procurer une récompense afin de la partager, d'autant plus que le soi-disant voleur ne courait aucun risque.

En effet, M. Shakespeare, auquel nous allâmes le soir faire nos adieux, nous dit qu'en cas de vol, il fallait bien se garder de faire la moindre réclamation, sous peine de perdre soi-même sa liberté et d'être forcé de faire des démarches insupportables. Il nous raconta à ce sujet, qu'un jour on lui avait pris sa montre, et que, ne connaissant pas les usages du pays, il avait eu la simplicité de porter plainte à la police. On lui répondit alors : « Vous prétendez qu'un tel vous a volé votre montre, prouvez-le! » et il dut faire le voyage de Calcutta, où on le retint un mois entier pour cette affaire.

Depuis on l'a volé plusieurs fois, mais il a eu soin de n'en parler à personne et de s'en cacher comme d'un crime.

Après une dernière bonne soirée chez M. Shakespeare, nous partîmes pour Connpour, emportant de Bénarès un souvenir ineffaçable.

CHAPITRE XI

En quelques heures de chemin de fer nous arrivâmes
à Connpour, si tristement célèbre par les massacres de
1857.

On voit encore les restes des fortifications construites
en pisé, qui ont permis aux Anglais de résister si long-
temps aux indigènes; mais les Indous, dirigés par le
traître Nana-Sahib, ont fini par s'en emparer, et ont fu-
sillé, sans exception, tous ceux qui s'y trouvaient. On
remarque également les piliers de la maison où s'étaient
réfugiés les femmes et les enfants, égorgés par ordre du
même Nana-Sahib. Les cipayes, auxquels il avait donné
cet ordre, refusèrent d'obéir, et il fallut faire venir des
bouchers pour l'exécuter.

Des cadavres atrocement mutilés, des femmes éven-
trées, des blessés encore vivants furent jetés pêle-mêle
dans un puits voisin. Aujourd'hui cet horrible lieu de

carnage est transformé en jardin. — Le puits est garni
d'une margelle de marbre et décoré d'une statue qui re-
présente un ange tenant deux palmes croisées.

Partout des parterres de fleurs parfumées, et le chant
des oiseaux qui voltigent, insouciants, au milieu des
bosquets, image saisissante des changements d'ici-bas.

En dehors des ruines et des tristes souvenirs dont je
viens de parler, Connpour ne renferme rien d'intéres-
sant, car la ville indigène, fort petite, n'est guère connue
que par la station militaire que les Anglais y ont établie.

Quelques heures de chemin de fer nous conduisirent à
Lucknow, et, le soir même, nous nous promenions dans
cette ville, si magnifique autrefois et encore si intéres-
sante.

Cette capitale du royaume d'Aoude renferme environ
500,000 habitants, musulmans la plupart, et possède une
quantité innombrable de monuments aussi élégants que
somptueux. Une grande partie d'entre eux ont été dé-
truits par les Anglais en 1857; cependant on voit encore
de tous côtés des palais de pierre et de marbre, découpés
comme des dentelles, et ornés de dômes dorés et de mil-
liers de petites coupoles blanches qui se détachent sur le
ciel comme des perles enchassées dans des turquoises.

Les portes de la ville, l'arsenal et diverses résidences
princières sont des merveilles d'architecture ou plutôt de
sculpture.

Le palais du roi a été par malheur presque entièrement
détruit à la suite de l'insurrection, mais, si l'on en juge
par ce qu'il en reste, il devait être immense et admirable-
ment beau. On a conservé la façade, qui est d'un goût
exquis, le harem et plusieurs corps de bâtiment que l'on
a utilisés pour y établir le club, le palais de justice et di-
vers offices du gouvernement.

Je citerai notamment une galerie composée de cinq nefs parallèles, dont les arcades crénelées sont soutenues par des colonnes du meilleur style. On dirait une forêt pétrifiée, que le soleil ne peut pénétrer et où la fraîcheur est éternelle.

Le roi d'Aoude logeait neuf cents femmes dans son palais et se plaignait lorsqu'on ne lui apportait pas chaque jour un nouvel enfant.

Cette nombreuse famille nécessitait une foule immense d'eunuques, d'entremetteurs et de gens de toutes sortes dont l'entretien ruinait l'État, bien que le roi disposât d'un revenu de 50 millions.

Les ministres, pour suffire à des exigences toujours croissantes, accablaient le peuple d'impôts, aussi lourds qu'injustes, ngéligeaient les routes et ne payaient pas les troupes. Celles-ci pour vivre, se transformaient en bandes de brigands; de là, l'anarchie la plus complète.

Tel était l'état de choses lorsque les Anglais s'emparèrent de ce royaume. En renversant le roi et son exécrable gouvernement, ils dotèrent en réalité le peuple d'une iberté dont il n'avait jamais joui jusqu'alors et dont il gnorait même l'existence.

En peu d'années, ils ont su, tout en diminuant les impôts, rendre le pays plus florissant et en tirer des revenus considérables. Les vrais philanthropes doivent donc se féliciter de l'annexion de l'Aoude.

Il semblerait que les indigènes dussent s'accoutumer à eurs nouveaux maîtres et reconnaître les avantages qu'ils eur avaient apportés, mais le sentiment de l'indépendance parle plus haut que la raison, et l'on préfère souvent, comme le dit Molière, être battu par son mari, que défendu par son voisin; aussi, les habitants de l'Aoude furent-ils les premiers à se révolter au moment de l'insurrection.

On sait que le général Henri Lawrence, gouverneur de Lucknow, prévoyant seul ces événements, avait fortifié sa résidence, y avait caserné les 3,000 hommes dont il disposait, et les avait approvisionnés convenablement, lorsqu'au commencement de 1857 il fut attaqué par plus de 30,000 insurgés. Pendant plusieurs mois, il soutint un siége terrible, voyant à chaque instant sa petite troupe diminuer et celle des assaillants augmenter, sans pouvoir espérer de secours prochains.

On nous a raconté mille détails curieux sur ce siége mémorable. Il paraît, notamment, que les Anglais ne pouvaient se procurer de l'eau qu'en allant la chercher dans un puits assez éloigné, situé directement sous le feu des ennemis, et que des eunuques, extrêmement habiles au tir, et masqués par un mur épais, tuaient infailliblement tous ceux qui s'aventuraient dans cette direction.

Ainsi, pour la garnison tout devenait difficile dans cette résidence, simple maison de campagne, qui malgré les soins du commandant, n'offrait aucune des ressources de la forteresse la plus primitive. Elle était encombrée de femmes et d'enfants qui étaient venus s'y réfugier, et la petite garnison dut déployer une énergie surhumaine pour résister aux attaques continuelles d'un nombre si considérable d'ennemis.

A chaque instant, ils s'attendaient à voir se renouveler pour eux les massacres de Connpour, et lorsque le soleil disparaissait au-dessus de l'horizon, ils devaient craindre de ne pas le revoir.

Cependant les insurgés ne parvinrent pas à forcer la résidence et la conduite de son héroïque garnison, permit

ux Anglais de reprendre Connpour et de mettre Nana-
Sahib en fuite.

Nous avons visité avec beaucoup d'intérêt cette forte-
resse improvisée, criblée de balles et à moitié détruite, et
'on nous a montré l'endroit où le général Lawrence fut
ué par un boulet de canon.

Près de là se trouve son tombeau : simple dalle noire,
ur laquelle on lit cette modeste épitaphe, qu'il a dictée
ui-même avant de mourir :

ICI REPOSE

HENRI LAWRENCE

QUI A ESSAYÉ DE FAIRE SON DEVOIR.

QUE DIEU REÇOIVE SON AME!

†

NÉ EN 1806 — MORT EN 1857.

On ne saurait trop admirer la naïveté sublime de cette
pitaphe , lorsque l'on songe qu'aujourd'hui tout le
onde reconnaît sans contestation que sir Henry
awrence a sauvé l'Inde par sa prévoyance et son dé-
ouement.

Après la reprise de Lucknow, les Anglais donnèrent
ingt-quatre heures aux insurgés pour quitter la partie
e la ville qu'ils occupaient, puis ils la rasèrent à fleur
e terre sur l'espace d'un mille carré.

Aujourd'hui c'est une plaine déserte, pas une pierre
e rappelle que là furent la vie, l'amour, la douleur, la
ort. C'est effrayant à voir, terrible, mais juste.

On sait que les Orientaux ont l'habitude, pour sous-

traire leur argent au fisc, de le cacher sous la terre. Or,
cet usage existait à Lucknow, plus que partout ailleurs,
et il est probable que beaucoup de gens riches, dans leur
précipitation à quitter la ville, n'ont pas eu le temps
d'emporter leurs richesses, et que le terrain désolé
dont je parlais tout à l'heure renferme plus d'un trésor.
Avis aux chercheurs d'or.

Toute la ville n'a cependant pas disparu; les monu-
ments d'utilité publique et le quartier du bazar ont été
conservés.

On voit des musulmans, à l'œil sauvage et rancuneux;
des artisans habiles y fabriquent de belles étoffes, des
pantouffles brodées d'or, des bijoux en filigrane d'un
travail remarquable, des houkas de toutes sortes, et des
instruments de musique artistement peints et ornés d'i-
voire incrusté.

De brillants cavaliers, revêtus de superbes costumes,
se pavanent sur des chevaux ou des dromadaires riche-
ment caparaçonnés. Enfin on rencontre assez souvent
des éléphants qui se promènent majestueusement, réflé-
chissent, ou dégustent avec volupté quelques bottes de
cannes à sucre.

La grande distraction des Lucknois, c'est le cerf-volant !
Des gens de tout âge ne cessent de se livrer à ce sport;
aussi ne peut-on circuler dans le bazar sans être accro-
ché par une ficelle ou par un individu qui tombe sur
vous en regardant les nuages.

Il paraît toutefois que, non contents de cet honnête
passe-temps, les habitants de Lucknow recherchent en-
core d'autres plaisirs, car ils passent pour les gens les
plus dépravés de l'Inde; mais je me garderai bien de
donner des détails sur leur habitudes; tout ce que je puis

re, c'est que les femmes y restent absolument étran-
ères.

Dans nos promenades à travers la ville nous rencon-
ions souvent un vieux cipaye à moitié fou, dont la
manie, fort inoffensive, était assez originale.

Son idée fixe était de se faire passer pour l'homme le
lus décoré de toute l'armée des Indes.

Il s'était affublé d'un vieil habit rouge en lambeaux, et
ortait au côté un énorme sabre de bois; enfin, il avait
utour du cou un collier composé des bibelots les plus
zarres : des perles de verre, des balles, un tire-bou-
on, un tire-botte, une seringue, un petit canon de cui-
e, une boîte à sardine, des boutons d'uniforme et mille
utres choses de ce genre.

Chaque fois qu'il nous voyait approcher, il s'arrêtait,
us présentait les armes avec son sabre de bois, puis
stait raide et immobile comme un automate.

C'est dans cette position que nous l'avons laissé pour
dernière fois, et depuis nous n'en avons jamais en-
ndu parler.

Enfin, lorsque le soleil couchant n'éclairait plus que
s dentelles de marbre des minarets et des édifices voi-
ns, nous rentrions au bungalow, enrichis de nouveaux
uvenirs et joyeux de vivre, car nous avions le senti-
ent d'avoir bien employé le temps.

Nous quittâmes Lucknow le 24, à deux heures du ma-
n, et ce ne fut pas sans difficulté que nous nous procu-
mes des porteurs pour nos bagages, grâce à la scène de
veille. On nous raconta en effet qu'un voyageur, ayant
it venir douze hommes au milieu de la nuit pour por-
r ses malles à la station, ne leur avait donné que
ux annas pour toute récompense — et, comme ceux-ci
plaignaient justement, il leur administra en guise de

pour-boire une série de coups de pieds dont ils gardèrent
un détestable souvenir.

> « Vous leur fîtes, Seigneur,
> » En les battant beaucoup d'honneur. »

Aussi les pauvres diables avaient juré que pour un
empire ils ne se dérangeraient plus.

Toutefois une bonne roupie les décida, et nous repar-
tions bientôt après pour Connpour, où nous retrouvâmes
le *great rail way*, qui, en quatre heures, nous conduisit
à Agra.

CHAPITRE XII

Un babou nous reçut à la gare d'Agra, et nous dit que ɪe *commissioner* avait dû s'absenter pour quelques ɪours; mais qu'étant instruit de notre arrivée, il l'enɪoyait pour nous prier de nous installer dans sa maison ɪt d'en disposer comme de la nôtre. Nous fûmes très ɪouchés de cette aimable invitation; mais, comme nous ɪ'avions jamais vu cet officier, il ne nous parut pas conɪenable d'accepter, au grand étonnement dudit babou.

Nous traversons la Jumna sur un pont de bateaux et ɪarcourons rapidement la ville, qui est petite, boueuse, ɪt ne mériterait aucune mention après celles dont j'ai ɪarlé plus haut, sans les merveilleux monuments qui se ɪrouvent aux environs.

Nous franchissons de vastes fortifications en pierres

rouges, construites par les empereurs mogols, et nous nous faisons conduire à l'hotel B..., situé, comme toujours, à deux milles en pleine campagne.

Cet établissement est confortable et même élégant, mais tout y est hors de prix. D'ailleurs, le propriétaire jouit dans toute l'Inde d'une réputation de voleur des mieux établies.

Depuis longtemps on nous avait prévenu de nous tenir en garde contre les manœuvres qu'il employait pour extorquer de l'argent aux voyageurs.

Citons-en une qui lui a déjà réussi plusieurs fois.

Mister B... engage sa femme à dîner à table d'hôte et ne ménage aucune occasion de la mettre en rapport avec les étrangers. Ceux-ci, fatigués de ne voir habituellement que des beautés chocolat, sont bien aises de reposer leurs yeux sur cette blonde Anglaise, qui s'y prête avec beaucoup de grâce. Des œillades on passe aux *a parte,* puis aux rendez-vous.

Le voyageur qui, de fondation, a toujours une foule de choses à raconter à une compatriote, s'empresse de lui proposer une plus longue entrevue, afin d'y faire à l'aise une conversation prolongée.

Or, comme la nuit est le seul moment où l'on puisse respirer agréablement, Mistress B. vous prie de venir causer chez elle vers une heure du matin Mais cette excellente épouse s'entend avec son mari et, lorsque le dialogue commence à s'animer, le *deus ex machina* apparaît soudain et vous rappelle les deux ans de prison dont les tribunaux anglais ne peuvent manquer de vous gratifier, puis, il vous propose charitablement d'éluder la loi moyennant une petite amende de trois ou quatre mille roupies !

Pour nous, harassés de fatigue, nous nous couchons

le bonne heure et rêvons que B... vient nous étrangler, mais la vérité est que, pour cette fois, il se contente de nous écorcher.

Hélas ! quoique ce fut le 24 décembre, nous avions jugé inutile de remettre nos pantouffles à la porte, car il était peu probable que le petit Noël vînt se promener jusqu'ici, et tout ce que nous aurions pu espérer c'est que Mister B... ne les prit point !

En revanche, nous avons eu le plaisir de retrouver le lendemain le colonel T....., qui voulut bien nous guider durant toute cette journée, une des plus intéressantes de notre voyage.

En partant, il nous conduisit d'abord au club, où il nous avait fait préparer un excellent *tiffin*.

On est vraiment frappé de la richesse de ces établissements et du luxe de la *mess* des officiers dans toutes les parties de l'Inde, et il est pénible d'y comparer la misère des officiers français.

Grand bâtiment avec colonnades, vastes salles ornées de boiseries sculptées, bibliothèque richement garnie, bilard, table somptueuse, service d'argent massif, domestiques en grande tenue — rien n'y manque ; on se croirait dans l'une des meilleures maisons de Londres un jour de grand raout, et c'est tous les jours ainsi.

Après le repas, un gari nous conduisit au *Taj*, le plus splendide monument du monde entier.

Je n'hésite pas à le dire, Saint-Pierre de Rome ferait l'effet d'une lourde caserne à côté de ce chef-d'œuvre de l'art indo-musulman.

Certes, nous nous attendions à voir un édifice magnifique, car on ne cessait de nous en parler depuis plusieurs mois, mais ce que l'on nous avait dit, était encore au-dessous de la vérité. Tout ce que l'imagination d'un poëte aurait pu concevoir était surpassé.

Ce n'est plus l'œuvre d'un homme, c'est l'œuvre d'un dieu ! Après avoir traversé une gigantesque porte ogivale, on entre dans un parc rempli de fleurs, où l'air est alourdi par le parfum des roses.

Au milieu des allées, se trouvent des canaux ornés d'une série de jets d'eau, et sur les bords s'élèvent de sombres tuyas, espèces de sapins dont le feuillage est presque noir et très-touffu. C'est au travers de ce cadre que se dresse le *Taj Mahal* (la couronne du harem).

L'impression que l'on éprouve, en le voyant pour la première fois, est tellement vive, que l'on ne peut s'empêcher de fondre en larmes. La plupart des auteurs qui traitent de l'Inde ne craignent pas de l'avouer.

Le Taj est un tombeau construit au 17e siècle par l'empereur mogol *Schah Jahan,* en l'honneur d'une sultane favorite : la *Begum Rdnou-Néour*. Ce prince allait la perdre. Fou de douleur, il lui demanda ce qu'il pouvait faire pour elle :

« Je veux pour tombeau, répondit-elle, le plus beau monument de l'univers. »

Il le lui promit et tint parole.

Le Taj est entièrement construit en marbre de Jeypour, et sa blancheur est telle qu'il paraît transparent. Il se compose d'un dôme immense, circonscrit par quatre dômes moins élevés et flanqué d'un pareil nombre de minarets, placés aux angles d'une terrasse carrée. Sa forme octogonale est parfaitement symétrique, et chacune des grandes façades renferme une vaste porte cintrée. Chaque porte est encadrée par des incrustations de pierres noires, reproduisant des versets du Coran, et chaque

LE TAJ

ronton orné de rinceaux de feuillages et de sculptures ravissantes.

A l'intérieur se trouve le sarcophage de la sultane et de Schah-Jahan. Ceux-ci, et tous les murs environnants sont couverts de mosaïques d'une exquise élégance, figurant des fleurs entrelacées, et mille arabesques en lapis lazulis, agathe, cornaline, jaspe, porphyre et autres pierres précieuses.

La balustrade qui entoure les deux tombeaux est en marbre cristallin taillé à jour et travaillé comme du point d'Alençon. C'est une merveille d'art.

On prétend que cet édifice a coûté cent millions de roupies, malgré le bon marché de la main-d'œuvre et les nombreux cadeaux qui affluèrent de tous côtés, chaque radja tenant à honneur d'offrir au grand mogol les plus belles pierres précieuses.

Mais que Schah-Jahan a bien réussi!

Quelle magnificence! Quelle richesse dans les détails! Quelle simplicité dans l'ensemble!

Une des causes matérielles de l'effet saisissant que produit ce monument, est l'harmonie qui préside au développement de toutes ses lignes.

Que l'on réunisse par la pensée les points qui semblent les plus étrangers les uns aux autres, on obtiendra toujours une courbe, non-seulement gracieuse, mais parfaitement géométrique : ici un cercle, là une ellipse, une parabole ou une hyperbole.

A quelque distance que l'on se place de lui, ce monument paraît également parfait. On le regarde... on le regarde encore, et l'on ne peut s'en détacher. Vous êtes attiré, fasciné, et comme enlevé au-dessus des choses de la terre. C'est un rêve éthéré. C'est la pensée d'un pur esprit. On a envie de se mettre à genoux, et de l'adorer.

Mais je renonce à décrire cette merveille orientale. Des poëtes ou des musiciens pourraient seuls en donner l'idée, en cherchant à faire naître des sentiments semblables à ceux qu'elle inspire.

Assurément on ne peut comparer la musique à l'architecture, mais le beau dans tous les arts, ne fait-il pas tressaillir les mêmes parties de notre être? et ne peut-on comparer entre elles les impressions qu'il produit? Pour moi, en voyant le Taj, j'ai ressenti les mêmes jouissances qu'en entendant une belle symphonie de Beethoven : l'un et l'autre sont des images de l'infini.

C'est une chose vraiment étrange de constater la foule de pensées, diverses et presque opposées, produites par la vue de ce chef-d'œuvre. C'est un miroir de tristesse et de désespoir, et pourtant lorsqu'on le voit entouré de fleurs, profiler ses lignes blanches et gracieuses sur le ciel bleu de l'Inde, il semble ne respirer que la poésie et l'amour.

Aussi ne saurais-je exprimer ce que l'on éprouve en le regardant seul, longtemps, longtemps!!...

Le soir, à la tombée de la nuit, nous étions encore à la même place, admirant toujours, aspirant voluptueusement les effluves qui nous enveloppaient et ne pouvant nous rassasier.

Croirait-on qu'un des derniers gouverneurs d'Agra, trouvant que le Taj était inutile, avait l'intention de le transformer en carrière de marbre, afin d'en tirer quelque argent!

Par bonheur, il n'a pu mettre son projet à exécution, et je dois dire qu'aujourd'hui les Anglais entretiennent fort bien les principaux monuments de l'Inde et y dépensent même des sommes considérables.

Ils ont construit près d'Agra des prisons remarquable-

ment bien installées. Elles couvrent un immense espace
de terrain, et sont divisées en plusieurs sections. L'une est
réservée à ceux qui se sont élevés à la simple dignité de
voleurs. Une autre renferme les enfants de onze à quinze
ans, qui ont la vilaine habitude de jeter dans des puits
leurs petits camarades, distraction assez répandue aux
Indes. Plus loin se trouvent les femmes qui ont empoi-
sonné leurs enfants ou leurs maris, mégères aux figures
les moins engageantes. Quelques-unes ont conservé une
timide pudeur et se cachent la figure sous leur *sahri*,
comme de chastes jeunes filles!

Mais je recommande particulièrement aux Européens
qui désireraient plaire à Sciva, le quartier des eunuques.
Ces misérables attirent les promeneurs dans des guet-
apens et leur font subir de force une opération qui les
rend semblables à eux. Ils croient ainsi plaire à Sciva, le
destructeur du monde, et sont très-fiers de ces actes de
singulière dévotion.

Ces eunuques ont tous l'air de vieillards, sans barbe,
faibles, pâles et stupides. Tous se disent heureux de souf-
frir pour leur foi; la seule chose qui parait les contrarier
vivement, c'est d'être contraints de porter des habits
d'hommes, eux qui étaient habitués à se vêtir comme des
femmes. Les plus jeunes sont les plus recherchés, notam-
ment à Luknow, car la race des habitants de Sodome n'a
pas été complétement détruite.

Enfin, dans un dernier corps de bâtiment se trouvent
les *Thuggs*, qui, après avoir assassiné un plus ou moins
grand nombre de personnes, ont sauvé leur vie en révé-
lant les noms de leurs camarades.

Les Thuggistes sont convaincus que ceux d'entre eux
qui auront fait le plus de victimes seront les mieux par-

tagés dans le *Nirvana*; partant de là, on comprend s'ils y vont gaiement.

Voici comment ils s'y prennent pour exercer leurs pieuses pratiques religieuses. Ils se lient de préférence avec des voyageurs, les comblent de soins, les accompagnent partout, paraissent désintéressés et s'en font ainsi des amis sans défiance, puis les étranglent impunément à la première occasion.

Mais ils excellent surtout dans l'art de faire disparaître les cadavres. Ils enlèvent d'une pièce, une motte de terre aussi étroite que possible, creusent une fosse verticale, dispersent les déblais, placent le cadavre et reposent la motte avec tant de soin qu'il est impossible à l'œil le plus exercé de reconnaître la moindre trace de cette opération.

Parmi les Thuggs enfermés dans la prison d'Agra, se trouvait un vieillard qui se vantait d'avoir tué trois cents personnes.

Il était majestueusement drapé dans une guenille de drap, portait une belle barbe grise et avait l'air parfaitement distingué.

On en pend tous les jours ; mais ces fanatiques marchent à la mort avec la sérénité des martyrs, convaincus qu'ils sont de recevoir immédiatement la récompense de leurs *bonnes actions!*

Tous les prisonniers dont je viens de parler travaillent, suivant leurs forces et leurs aptitudes, les travaux pénibles étant exclusivement réservés aux récalcitrants. Ils fabriquent du papier, du drap, de fort beaux tapis et des couvertures de toutes sortes. Les ateliers sont magnifiques et pourvus de tous les accessoires nécessaires. Grâce aux avantages de l'association, le bon marché de ces objets est tel, qu'il décourage les ouvriers honnêtes qui travaillent séparément. Ceux-ci doivent être tentés de se faire incarcérer, car, de fait, les détenus sont plus heureux qu'eux, si j'en juge par la plupart des pauvres coudras et parias qui végètent misérablement dans les bouges de leurs villes et de leurs campagnes.

Sur un point seulement il a été impossible aux prisonniers de se plier à la discipline qu'on a essayé de leur imposer. Pensant que tous les criminels étaient égaux devant le châtiment, les Anglais avaient négligé de s'occuper des castes et des préjugés indous en organisant le régime de la prison; mais les brahmes refusèrent toute nourriture et plusieurs se laissèrent mourir de faim plutôt que de manger de la viande, ou même d'un plat quelconque auquel avait touché un cuisinier de caste inférieure.

« Nous aimons mieux, disaient-ils, perdre la vie du corps que de risquer de compromettre celle de l'âme en touchant à des aliments impurs. »

Toutefois, on éluda très-simplement la difficulté en faisant faire la cuisine par des brahmes, et depuis ce temps-là, tous les prisonniers, sans distinction, avalent des montagnes de riz pour la plus grande gloire de Vischnou.

Après le Taj, un des monuments les plus remarquable d'Agra, c'est le fort. Tout édifice qui date de l'époque des empereurs mogols est construit en pierre rouge, et son aspect est des plus imposants. Les murs extérieurs sont très-élevés et paraissent très-solides ; on dit même qu'en 1857 les insurgés, les jugeant imprenables, n'ont pas osé les attaquer; mais en vérité les gens du métier affirment qu'ils sont dans un tel état de délabrement, qu'on ne pourrait tirer un des propres canons qu'ils supportent sans courir le risque de les faire écrouler.

Ce fort renferme le palais d'Akbar, dont plusieurs bâtiments sont tout en marbre blanc.

On distingue notamment des portes en bois de sandal finement sculptées, de gracieux belvédères et la salle des durbars, ornée de superbes colonnades et d'incrustations d'or. Les cours intérieures sont dallées de mosaïques du dessin le plus fin. Dans l'une d'elles, disposée en forme de terrasse, et aux bords même de la Jumna, on voit une large table de marbre noir sur laquelle les empereurs mogols rendaient la justice. Les Indous prétendent qu'elle s'est fendue le jour où un Anglais a osé s'y asseoir pour la première fois.

Je n'ai pas besoin de dire que, durant notre séjour à Agra, nous étions dirigés et accompagnés dans nos différentes excursions par les aimables hôtes auxquels nous avions été adressés. Chaque soir nous étions invités chez le colonel T., au club, ou chez les principaux personnages de l'endroit qui nous offraient à l'envi des dîners, des bals et des concerts. On ne peut avoir une idée du luxe et de la cordialité de l'hospitalité anglaise uax Indes, lorsqu'on n'y a pas voyagé. Pour ma part, je puis compter le nombre des jours que j'ai passés en ce pays, par le nombre des invitations que j'y ai reçues.

Souvent nous retournions au Taj, et quelle que fût l'heure de la journée, nous éprouvions toujours des jouissances nouvelles en le regardant.

Le matin, alors que la lumière rose était encore incertaine, au milieu du jour, où doré par les rayons du soleil couchant, il offrait constamment le même coup d'œil magique.

Une nuit enfin, le colonel S... eut la bonté de le faire éclairer intérieurement par une foule d'Indous qui brandissaient des torches enflammées. Ce fut alors un spectacle fantastique, puis, tous se dispersèrent et je restai seul, préférant contempler cette merveille au clair de lune et dans le silence de la nuit. Il m'apparaissait ainsi dans toute sa majestueuse simplicité et je restai long-temps dans la plus douce des rêveries.

Rien de si beau n'est sorti de la main des hommes.

CHAPITRE XIII

Les environs d'Agra ne sont pas moins intéressants
e l'intérieur de la ville ; aussi un matin nous partîmes
 gari pour aller visiter *Fotipour Sikri*, situé à
ıgt-quatre milles de là, et qui passe pour un des sites
; plus curieux du pays.

On désigne sous ce singulier nom, l'ensemble des
lais, forteresses, mosquées et pavillons qui formaient
résidence d'été du fameux empereur Akbar, grand-
re de Schah-Jahan.

Ces bâtiments occupent l'emplacement d'une petite
le, et ce qui les caractérise, c'est qu'ils sont entière-
ent construits en pierres rouges, sans aucune solive de

bois ni une seule ferrure. Les charpentes, les poutres, les portes, les tables, les chaises, les caisses, les châssis des fenêtres, les gonds sur lesquels elles pivotent et jusqu'aux serrures, tout est en pierre : on jurerait une ville pétrifiée par la baguette d'Aladin.

La porte principale, cintrée et légèrement ogivale, a la dimension du grand portail de la cathédrale de Paris et forme, à elle seule, un édifice spécial ; on ne peut rien voir de plus majestueux.

Des bâtiments de toutes grandeurs sont jetés comme au hasard à travers une série de cours pavées de mosaïques. La plupart d'entre eux servaient de résidence aux femmes du harem impérial, et sont sculptés sur toutes leurs surfaces, comme des objets d'orfévrerie.

La salle des durbars est soutenue par une foule innombrable de colonnes toutes différentes les unes des autres, et dont l'ensemble est pourtant très-harmonieux. Nul ne comprend mieux que les Orientaux le principe de la variété dans l'unité, cette grande loi de la nature, le vrai charme.

La mosquée, avec ses galeries adjacentes surmontées de mille petits dômes, couvre un espace immense. Sur l'un des côtés de la cour centrale, on remarque un pavillon de marbre de Jeypour, travaillé avec une telle finesse, qu'il fait l'effet d'un bijou d'ivoire. C'est un tombeau que l'empereur a fait construire pour un prêtre qu'il aimait particulièrement. Les fenêtres de ce pavillon sont de vraies dentelles de marbre d'un dessin partout élégamment varié. Les rayons du soleil se tamisent en les traversant et donnent à l'intérieur une lumière douce et voluptueuse.

Le marabout que renferme ce monument a laissé une telle réputation de sainteté, que des Indous viennent

ıns cesse des points les plus éloignés pour honorer sa
ımbe et invoquer sa protection.

Une quantité de petits fragments de draps ont été
ıtachés sur les murs par ces pèlerins comme gage de
délité à leurs vœux ou aux serments qu'ils se font entre
ıx.

Plus loin, s'élève une tour hérissée de défenses d'élé-
hants; c'est le tombeau de l'éléphant favori de l'empe-
ıur Akbar. Cette fantaisie ne manque pas d'originalité.

Puis c'est une vaste cour, entièrement dallée de car-
ıaux de marbre noirs et blancs disposés comme un
ıhiquier.

Il paraît qu'Akbar se donnait le luxe d'y jouer des par-
ıs d'échecs dont toutes les pièces étaient représentées par
ıs femmes magnifiquements vêtues.

Enfin le palais du grand-vizir est trop beau pour que
ımette de le citer, mais je n'en finirais pas si je cherchais
décrire sa richesse et sa magnificence.

Cette habitation était celle de ce grand-vizir qui dit
ı jour à l'empereur que, s'il devait mourir dans quel-
ıes jours, il les emploierait le plus gaiement possible.

Akbar voulut savoir si en pareil cas son ministre tien-
ıait vraiment parole. Il le chargea donc de garder soi-
ıeusement un magnifique diamant et de le lui rendre
ı bout d'un an sous peine de mort ; puis il lui expédia
ı habile voleur, qui ne tarda pas à s'en emparer et le
ı rapporta aussitôt. Akbar, pour faire disparaître ce
jou à tout jamais, le jeta lui-même dans la rivière, et
ı mois avant le terme indiqué, appela son vizir et lui
ımanda s'il était en mesure de lui rendre ce précieux
ıpôt. Le malheureux, ne le trouvant plus, craignit d'être
ıupçonné de l'avoir volé, et, bien que fort inquiet, il
pondit, sans se déconcerter, qu'il le remettrait au jour

fixé. Mais, dès-lors, il ne douta plus de sa mort prochaine, et, fidèle à sa promesse, il passa le reste de son temps au milieu de fêtes somptueuses et dépensa très-gaiement toute sa fortune en quelques semaines.

Enfin, le dernier jour, il convia l'empereur à un magnifique repas, où figurait un fort beau poisson que l'on présenta d'abord à Sa Majesté. Qu'on juge de son étonnement, lorsque en se servant Akbar trouva dans sa cuillère le diamant perdu, que le poisson avait avalé par distraction !

Le grand-vizir triompha ainsi sans le savoir, et depuis il fut plus que jamais en faveur auprès de son excentrique et terrible maître.

Toutefois Akbar ne se distingua pas seulement par ses originalités et par les monuments qu'il fit construire, ce fut le plus puissant et le plus grand des empereurs mogols, le Charlemagne de l'Orient, car ses conquêtes, en le rendant maître d'un empire de cent soixante millions d'hommes, lui ont permis de ne plus s'occuper, durant le reste de sa carrière, que de la prospérité intérieure de son pays.

Jamais jusqu'alors, l'Inde n'avait été aussi unie, aussi riche et aussi heureuse.

Akbar protégea tout particulièrement les arts, et c'est sous son règne que s'élevèrent la plupart des beaux monuments qui bordent le Gange et la Jumna.

Le tombeau de ce monarque, situé à *Secundrah* près d'Agra, est construit avec ce grès rouge dont on s'est servi à Fotipour Sikri. Il se compose de plusieurs galeries aériennes, superposées les unes aux autres, et soutenues par des milliers de colonnes sculptées. Le sarcophage se trouve à l'étage le plus élevé, entièrement en marbre d'une blancheur éblouissante, et par cela même

nchant trop peut-être avec la couleur du reste de
difice.

Secundrah offre cependant un spectacle saisissant, et
jardins de manguiers et de tamarins qui l'environnent
donnent l'aspect d'un oasis au milieu du désert.

Depuis longtemps nous désirions visiter quelqu'une de
s villes de l'Inde centrale, qui, éloignée des chemins
fer et des endroits fréquentés par les Anglais, ont con-
rvé toute leur originalité native.

Nous profitâmes donc de notre séjour à Agra pour faire
i petit voyage à Jeypour, une des curiosités du Radja-
utana.

Le 29 décembre, nous partions en dok gari, traversant
atement des plaines désertes et sablonneuses, entremê-
es seulement de ruines, de mosquées ou de marabouts
loin en loin.

Vers le soir, on nous fit arrêter une heure dans une
tite ville appelée Beurtpour, où régnait une affreuse
nine.

En ce moment, une foule de gens stationnaient ou plu-
t trépignaient autour d'une plate-forme où s'escrimait un
eillard en proie à la plus vive agitation. Il tenait des
rtes rouges d'une main, une canne de l'autre, allant,
nant, sautant et distribuant gratuitement des cartes aux
is, des coups de canne aux autres, souvent même les
ux en même temps et généralement plus de coups
e de cartes.

Ce spectacle nous parut invraisemblable, mais on nous
pliqua que les cartes étaient des bons de riz dont on
atifiait les plus affamés, et que les volées de coups de
nne s'administraient à ceux qui voulaient accaparer
uble ration.

Plus loin, une idole à trois têtes représentait, ou plutôt

grimaçait je ne sais quelle divinité malfaisante, une manière de diable, enfin. Si l'on s'étonne de voir des gens, doués d'ailleurs de quelque intelligence, adorer un monstre animé d'un si mauvais esprit, les Indous répondent : « A quoi bon servir un dieu juste et bienfaisant ! Nous ne pourrons ni augmenter sa bonté, ni changer les lois de sa justice; tandis que le dieu du mal sera peut-être flatté de nos adorations, et il faut tâcher de conjurer sa férocité. »

Le bungalow de Beurtpour ne tenait en réserve que huit œufs et force riz au *curry;* triste régal si nous n'avions eu la précaution, en quittant Agra, de nous munir de quelques provisions Hélas ! leur meilleure partie était réservée à une fin tragique, ainsi qu'on le verra plus loin.

Après ce festin, nous nous installons tant bien que mal dans notre *dok gari,* transformé en chambre à coucher par l'addition d'une planche, et nous nous endormons profondément. Mais le lendemain, à notre réveil, nous sommes surpris de ne sentir aucune secousse : le silence le plus absolu règne autour de nous. Nous regardons par la portière et voyons que l'eau nous entoure de tous côtés. C'est qu'en traversant un fleuve à gué, notre cocher s'était endormi et nos bœufs s'étaient arrêtés, au risque de nous laisser emporter à la dérive. Toutefois, de bons coups de rotin sagement administrés nous tirèrent d'embarras.

A ce sujet, Georges nous dit mystérieusement, qu'au milieu de la nuit, tandis que nous goûtions un innocent sommeil, notre attelage, mal conduit, avait reculé et failli nous faire dégringoler dans un précipice qui se trouvait là fort à propos pour nous recevoir !

Le bonheur ne consiste-t-il pas souvent à ignorer les dangers qui nous menacent.

Nous passâmes toute la journée dans notre chambre
ulante, et nous employions le temps à lire, à étudier
ndostani ou à chanter *taza-ba-no-ba-no*.

De loin en loin s'élevaient au milieu des champs, de
ngues perches surmontées de vases blancs qui bril-
ient au soleil. Souvent déjà nous en avions vus de sem-
ables, les prenant pour des épouvantails destinés à ef-
ayer les oiseaux, mais on nous a expliqué que c'étaient
s *arratys* qui avaient pour but de chasser le mauvais
il. Il paraît que les Indous craignant pour leurs récoltes
s regards des gens mal intentionnés, espèrent les sous-
aire à cette pernicieuse influence en attirant les yeux de
us les passants sur cet objet éclatant.

Vers le soir, nous gravissons enfin la colline au som-
et de laquelle se trouve Jeypour.

Le chemin est bordé d'élégantes maisons appartenant
des radjas, entourés de palmiers, de manguiers et de
eurs.

De jolis petits temples sont dispersés çà et là et un
and nombre de mosquées élancent comme des aiguilles
e marbre leurs minarets vers le ciel.

De loin en loin, s'allongent des caravanes de cha-
eaux conduites par des hommes barbus, à l'air sau-
ige. Ceux-ci ne ressemblent en rien aux Indous du
id; ce sont des Afghans qui transportent différents
oduits de leur pays, spécialement du raisin conservé
ins du coton brut.

Tout à coup un splendide équipage fond sur nous
ec cette impétuosité qui caractérise nos gardes natio-
ux en temps de paix. — Un Indou, magnifiquement
tu et couvert de broderies d'or, conduit quatre che-
ux à grandes guides. Derrière, une foule de gueux
uivant, poursuivant, courant.

Quel est ce prince ?. demandons-nous aussitôt.

Ce n'est pas un prince, c'est le cocher du Maha-Radja.

Bien qu'il fit déjà nuit lorsque nous arrivâmes au bungalow, notre premier désir fut d'aller immédiatement visiter la ville, située à un demi-kilomètre de là, mais on nous avertit qu'on allait en fermer les portes, et que nous courions le risque de ne plus pouvoir en sortir.

On prend cette précaution chaque soir afin d'empêcher les voleurs de piller les maisons et de s'en aller avec leur butin à la faveur de l'obscurité. D'ailleurs, toutes les villes de Radjapoutana sont presque toujours ainsi sous le régime militaire et, pour ainsi dire, en état de siége, par suite des guerres continuelles que se font entre eux les petits États qui le composent.

Georges, envoyé en éclaireur, nous déclara donc qu'il n'y avait rien à faire pour le moment, et nous apprit que si nous étions arrivés seulement quelques heures plus tôt, nous assistions aux combats d'éléphants qui avaient eu lieu le matin même. Qu'on juge de notre désespoir!

Le lendemain, nous nous empressâmes de faire visite au *résident* anglais, décoré du titre de *politic agent*, et sans lequel nous n'aurions pu faire un pas. Ce fonctionnaire voulut bien nous recommander au Maha-Radja, roi de Jeypour, ainsi qu'aux divers grands personnages et vizirs de l'endroit.

Jeypour est une des villes les plus riantes de l'Inde et renferme environ 60,000 habitants, musulmans en grande partie. Toutes ses maisons, construites en pierre, ou revêtues de marbre, sont d'une blancheur éclatante; enfin, les rues, spacieuses et bien nivelées, semblent avoir été tracées par un baron Haussmann.

Le bazar, au lieu d'être confiné dans un endroit spé-

:ial, se déploie sur deux grands boulevards qui se cou-
)ent à angles droits et partagent la ville en quatre quar-
iers égaux.

On y voit des marchands de bric-à-brac et d'armes de
:outes sortes. Ils vendent surtout des sabres, des poi-
;nards, des lances aux formes bizarres et des boucliers en
:uirs de rhinocéros, étalant sans crainte leurs marchandi-
;es au milieu du chemin. Les voitures sont trop rares pour
.es déranger. Quant aux chevaux et aux ânes, ils mar-
chent tous sur une ligne et se détournent facilement.
Les bœufs seuls sont à craindre, car ces animaux sacrés
sont encore plus impertinents à Jeypour qu'à Bénarès.
Ils bousculent la foule impitoyablement et s'emparent de
tout ce qu'ils trouvent à leur convenance. Souvent même
ils pénètrent dans les boutiques de grains ou de légumes,
et s'y établissent à demeure sans que personne songe à
les en empêcher. Cependant certains marchands, menacés
d'un pillage complet, parviennent à détourner le cours
de leurs idées au moyen d'une sébile remplie de fleurs
que ces saints animaux daignent aimer particulièrement.
Ils les conduisent ainsi chez un voisin qu'il serait cruel
de priver d'un tel honneur. Mais ceux qui agissent de la
sorte sont évidemment des impies, des gens sans foi ni
loi, et que Dieu punira un jour ou l'autre.

Ce qui nous a frappé dès le premier jour, c'est que,
dans cette singulière ville, quatre hommes sur dix por-
tent un large foulard autour de la tête et du menton.
Nous pensions d'abord qu'ils avaient tous de violents
maux de dents, mais nous ne pouvions nous expliquer
pourquoi les femmes seules en étaient exemptes. Or, il
paraît que c'est par coquetterie qu'ils s'affublent de la
sorte. En effet, cette mentonnière retient, jour et nuit,
leur barbe relevée et pressée contre les tempes; de

sorte que, dans les grandes circonstances, ils n'ont qu'à la retirer pour obtenir une barbe qui se dresse latéralement comme les soies d'un porc-épic.

Le palais du Maha-Radja, situé près du bazar, occupe à lui seul tout un quartier.

Cet immense bâtiment renferme le harem, plusieurs pavillons spécialement affectés au prince et à sa famille; d'autres servent aux assemblées solennelles ; des salles de durbars, des parcs, des cours, des casernes, un arsenal, des forges, fonderies, etc.

Les Indous croient volontiers que les Européens, soutenus par je ne sais quelle puissance infernale, sont à la fois médecins, mécaniciens, architectes, généraux, soldats, enfin aptes à tout. Aussi un photographe anglais, fort intelligent et encore plus entreprenant, a pu, sans peine, captiver la confiance du Maha-Radja qui l'a mis à la tête de tous ses grands travaux et lui sert un traitement de quarante mille francs par an.

Cet industriel a trouvé le moyen de lui fabriquer déjà plusieurs canons et, qui plus est, une espèce de petit bateau à vapeur blindé, avec tous les vieux morceaux de fer qu'il a pu trouver dans le pays.

Sur une terrasse élevée, se trouve un observatoire, datant de Jeysing, le fondateur de la ville, qui était un astronome et un mathématicien distingué. On y remarque un théodolite orienté dans le méridien, un cercle placé dans le plan de l'écliptique et plusieurs autres instruments d'astronomie.

L'intérieur du palais est d'une grande richesse et couvert de fresques qui le distinguent essentiellement des palais habités par des musulmans. Parmi ces dessins grossièrement faits, on remarque un effroyable portrait de Kali.

Cette déesse roule des yeux sanglants ; son cou est
orné d'un long collier, dont chaque anneau est une
hideuse tête de mort. L'une provient d'un individu qui
a succombé à la petite-vérole, l'autre est celle d'un
lépreux, une troisième vient d'un noyé ou d'un pendu,
et ainsi de suite.

Cette divinité tient ses six bras en l'air comme un
homard. De l'un, elle met un éléphant tout caparaçonné
dans sa bouche, du second elle empoigne un char à bœufs
tout attelé et brandit avec les autres une collection de
sabres, poignards, etc., tout en écrasant avec ses pieds
une foule de cadavres, afin de ne pas perdre de temps.

Mais je préfère à ce genre de fresques les délicieuses
mosaïques de glaces à filets d'or, recouvertes de verres
de couleur dont certaines pièces sont entièrement gar-
nies. C'est l'idéal du joli : quand les rayons du soleil
viennent s'y jouer, on se croirait dans un palais de fées.

Du côté du bazar, courent de longues galeries dont
les fenêtres grillées permettent de voir sans être vu. Ces
fenêtres se distinguent des moucharabis turcs en ce
qu'elles sont en pierres massives qui font corps avec
le mur. Simplement percées de quelques petits trous,
elles sont richement sculptées en dehors, ainsi d'ailleurs
que toute la façade.

Les jours de fêtes populaires, d'illumination ou de ba-
taille entre bêtes féroces, les femmes descendent du
harem et se réunissent dans ces galeries, heureuses de
trouver un peu de distraction à leur luxueuse, mais mor-
telle oisiveté.

Le Maha-Radja est affligé de deux mille femmes, c'est-
à-dire qu'il s'est réservé pour lui seul toutes les jolies
femmes du pays.

En qualité de propriétaire de son royaume, il se considère comme ayant le droit de prendre toutes les jeunes filles qui lui plaisent, et, en effet, chaque famille s'empresse à l'envi de lui faire accepter quelqu'une des siennes.

Il paraît que les choses ne marchent pas toujours bien régulièrement dans le *harem*. Quinze jours avant notre arrivée, le grand-vizir fut chargé par le Maha-Radja d'y rétablir l'ordre et d'y opérer plusieurs réformes. Or, lorsqu'il se présenta dans cet honnête établissement, les odalisques le repoussèrent violemment en déclarant qu'elles n'entendaient pas qu'on mît le nez dans leurs affaires, puis elles se précipitèrent sur lui et l'assommèrent si bien à coups de narghilés, de tchibouks et autres engins qui ne s'étaient jamais crus si méchants, que le malheureux était encore au lit, le corps en compote, au moment de notre séjour à Jeypour !

Le palais renferme aussi un certain musée, soi-disant scientifique, dont la ville est très-fière. On y voit une gravure coloriée représentant le prince Poniatowski à cheval, des boîtes à musique cassées (elles le sont toujours), une vieille balance, une machine électrique de foire, avec sa bouteille de Leyde, cinq ou six vases de porcelaine, un serre-papier d'albâtre, quelques drogues de pharmacie et une horloge ornée d'un saint Pierre et de sa clef.

En sortant, nous rencontrâmes le directeur du grand collége de Jeypour dont on nous fit faire cérémonieusement la connaissance.

Comme il nous parlait avec orgueil, avec amour de son établissement, nous eûmes, dans un moment d'erreur, la faiblesse de le prier de nous y conduire. Vous pensez bien qu'il ne se le fit pas dire deux fois. D'ailleurs, il était assez intéressant pour nous, de connaître le mode d'éducation aux Indes.

Lorsque nous arrivâmes, une centaine d'enfants, à demi-couverts de vêtements bariolés de toutes les nuances de l'arc-en-ciel, jouaient sérieusement dans la cour ; on nous fit monter ensuite dans une grande salle où se trouvaient des garçons plus âgés et, assura-t-on, déjà fort instruits.

A un signe du directeur, ils se placèrent en silence sur deux longs bancs parallèles, et entonnèrent un air monotone dont les paroles étaient la série des nombres en anglais — *one*, *two*, *three*, *four*, *five*..., etc. Ils y allaient avec tant d'entrain et leurs nombres atteignaient déjà de telles proportions, que je commençais à concevoir de sérieuses inquiétudes lorsqu'on apporta un tableau représentant un chien, diversion utile et nécessaire.

— Quel est cet animal, dit le professeur d'un ton doctoral ?

— *Dog*, *dog*, *dog*, *dog*, crièrent-ils, tous ensemble.

— Et celui-ci, ajouta-t-il en montrant une tête d'âne ?

Mais cette question était un peu difficile, et chacun répondit d'une manière différente, comme les journaux les mieux informés de Paris. L'un dit : *horse*, l'autre *ass*, un troisième *mule*.

Puis, passant à un ordre d'idées plus élevé, il poursuivit :

— Comment appelle-t-on les animaux qui mangent de la viande ?

Carnivoraces, *carnivoraces*, *carnivoraces*.

— Très-bien. Et ceux qui se nourrissent de graines ?

— *Granivoraces*, *granivorons*, *granivoram*.

— Vous-même, qu'êtes-vous? dit-il en s'adressant à un enfant dont les yeux pétillaient d'intelligence.

— Moi, répondit le môme sans hésiter; je suis *herbi-vorace*. Et, en effet, il appartenait à la caste des brahmines, qui ne se nourrissent que de légumes.

— Maintenant expliquez-nous ce que c'est que la brise.

Aussitôt, tous de se frotter les mains l'une contre l'autre, en sifflant légèrement entre leurs dents.

— Et le grand vent?

Ils répondent en renforçant le sifflement. Enfin, pour l'orage, ils ajoutent des claquements de mains et des coups de pieds frénétiques.

N'ayant pas entendu la dernière question, je crus qu'ils en étaient à l'arrivée d'un bateau à vapeur et m'attendais à un naufrage, ou à quelque cataclysme épouvantable; mais tout rentra dans le silence sur un signe du maître. Alors il se retourna de notre côté d'un air enchanté et nous demanda, avec une humilité affectée, si nous étions satisfaits.

Après avoir présidé à cet examen, et dûment édifiés sur l'intelligente éducation que l'on donnait aux enfants de Jeypour, nous allions nous retirer, lorsque le directeur de l'établissement apporta un grand registre et nous pria d'y inscrire nos noms, en y ajoutant un témoignage de notre satisfaction, dans le cas où cette visite nous aurait intéressés.

Longfellow s'exécuta de bonne grâce, mais mon embarras fut grand lorsque mon tour arriva, car n'étant pas fort comme un Turc sur la grammaire anglaise, je craignais d'écrire moins bien que les collégiens indous. Je m'en tirai cependant par cette phrase courte et bien sentie :

This establishment is very astonishing.

Après avoir employé le reste de la journée à flâner
ans le bazar, nous comptions faire un repas princier
râce aux fameuses provisions apportées d'Agra. Hélas !
endant notre absence, un scélérat de chien paria, par
odeur alléché, s'était traîtreusement introduit dans
otre bungalow et avait dévoré toutes nos espérances.
ious jurâmes de le tuer s'il reparaissait, mais sa pru-
ence fut à la hauteur de son appétit.

La veille d'un jour de l'an, en être réduit à manger
n peu de riz et à boire une bouteille de limonade ga-
euse en l'honneur de l'année 1869 !

Le lendemain, nous tentons de visiter les ruines d'Am-
er, l'ancienne capitale, situées à plusieurs lieues de Jey-
our, mais ce n'est pas chose si simple. Aucun conduc-
eur de char ou de *gari* ne veut nous y conduire et plu-
ieurs fakirs nous appellent *djiaours* (chiens de chré-
ens).

Cependant le 2, le colonel B., *résident* anglais, a la
onté de venir nous prendre dans son bel équipage pour
ous faire faire cette excursion.

Nous traversons ainsi au grand galop la vallée voisine,
t nous trouvons un éléphant richement caparaçonné
ue le Maha-Radja avait envoyé pour nous faire gravir
olennellement une colline escarpée des plus pittores-
ues. Le chemin qui la sillonne en zig-zag, sur une lon-
ueur de deux ou trois milles, est bordé de murs crénelés
omme ceux de nos anciennes villes du moyen-âge.

Enfin nous parvenons à un vaste perron au dessus du-
uel s'élève le vieux palais des rois de Jeypour.

Au milieu de jardins d'orangers et de manguiers ornés
e fontaines et de cascatelles, se trouve une salle de dur-
ars, dont toutes les colonnes sont en marbre blanc in-
rusté d'or et de pierres précieuses. De cet endroit féerique,

on jouit d'une vue charmante qui, par-dessus les montagnes voisines, s'étend jusqu'à la plaine de la ville nouvelle.

Quelques jours après, le colonel B. vint de nouveau nous prendre dans sa voiture à quatre chevaux, précédée d'un coureur et d'une douzaine de lanciers.

Il s'agissait d'aller au palais du Maha-Radja qui, avec une politesse toute orientale, avait bien voulu venir tout exprès de la campagne pour nous donner audience.

Dans la cour d'honneur se tenaient une foule de domestiques revêtus de leurs plus riches costumes et un bataillon de soldats sous les armes.

Le premier ministre et le général en chef vinrent aussitôt à notre rencontre pour nous conduire dans la salle des durbars, où le roi nous attendait, entouré de ses vizirs et des grands personnages du pays ; tous étaient magnifiquement recouverts de longues robes de soie violette ou noire brochées d'or et bordées de cachemire.

La plupart avaient d'énormes barbes hérissées suivant la mode du pays, et paraissaient en être très fiers.

Le Maha-Radja est un petit homme, maigre et chétif, avec de longs cheveux noirs plaqués sur les tempes. Ses yeux mourants et sa figure atone annoncent un épuisement total et incurable. Pour la circonstance, il s'était fait peindre fraîchement un superbe *menham* au milieu du front. Cette marque rouge, entourée de deux filets blancs est, comme on sait, le symbole des forces procréatrices, mâle et femelle. C'est l'émule du lingham.

Le dévouement du roi aux deux mille femmes de son harem serait taxé en Europe d'inconduite et d'immoralité, et l'on citerait son état comme une triste suite de ses excès ou une punition de Dieu. Aux Indes, au contraire, chacun admire sa vertu et le considère comme un martyr de sa religion.

Après avoir daigné nous adresser quelques paroles
bienveillantes, ce saint personnage s'assit sur un trône
et nous plaça, ainsi que ses vizirs, en demi-cercle autour
de lui au fond de la plus grande salle du palais.

Cette assemblée où l'on traite soi-disant les hautes
questions politiques du pays, est ce que l'on appelle aux
Indes un *durbar*. Cependant cette réunion n'exclut pas
une certaine gaieté.

Voici, en effet, comment les choses se passèrent sous
nos yeux, et on nous a assuré qu'il en était toujours de
même.

Après un quart d'heure de conversation, une trentaine
de bayadères firent leur entrée, puis, sous la direction
d'une vieille mégère à la voix de stentor, dansèrent et
chantèrent de leur mieux, bien que les seigneurs de la
cour affectassent de ne pas même les regarder. Il paraît
que cette manière de tenir les grands conseils de l'E'tat
est plus sérieuse qu'on ne pourrait le croire au premier
abord, et que le bruit que font les danseuses permet aux
ministres de discuter les affaires avec leurs voisins sans
être entendus de tous leurs collègues.

Après une bonne demi-heure de danse, c'est-à-dire de
séance et de dévouement aux affaires de Jeypour, nous
fîmes un mouvement de tête gracieux signifiant que nous
étions extrêmement satisfaits et que nous ne voulions
pas abuser des précieux moments du Maha-Radja, brû-
lant sans doute d'aller se dévouer de quelqu'autre ma-
nière pour le bonheur de son peuple. Tout le monde se
leva aussitôt, et notre royal hôte nous mit autour du cou
des colliers de drap d'or en signe d'affection. On apporta
ensuite dans une corbeille d'autres colliers semblables,
et le colonel B. nous dit confidentiellement de les mettre
à notre tour au cou du Radja, ce que nous exécutâmes de

suite, à sa grande satisfaction, bien que ce fussent ses propres cadeaux.

Enfin il se colla successivement contre chacun de nous, lui mettant les bras par dessus les épaules et lui administrant deux bons coups de poing dans le dos, politesse qu'il fallut rendre incontinent.

Heureusement, l'honorable résident anglais n'était pas disposé à la plaisanterie, car, sous prétexte d'étiquette indoue, il aurait pu facilement nous faire faire en présence du Radja les sottises les plus monstrueuses.

Ce pauvre prince passe pour avoir dix millions de roupies de revenu. Sur cette somme il doit, il est vrai, prélever six cent mille roupies pour *la vieille dame de Londres*; quant au reste, et c'est là tout l'actif du budget de son royaume, il l'emploie pour son compte particulier, sans se soucier du soin de l'État, de l'organisation de la justice et des autres petits détails de ce genre.

Comme il n'y a pas de bonne fête qui n'ait une fin, le dimanche matin nous repartîmes en *gari* et le lendemain soir nous étions de retour à Beurtpour.

Cette fois, à peine arrivés, un homme vêtu de noir vint nous dire tout bas que le Radja de l'endroit l'envoyait pour faire tout ce qu'il nous plairait de lui commander. En conséquence, nous composâmes pour notre dîner un menu confortable, mais en pratique on ne nous apporta que des œufs crus et du vin de Champagne ; puis un maître d'hôtel, en longue robe blanche, nous présenta cérémonieusement une boîte de cristal ornée de pierres fines renfermant, disait-il, un trésor venu d'Europe, et que l'on gardait précieusement pour les grandes occasions. Vérification faite, cette relique était un morceau de fromage de gruyère à demi-fondu par la chaleur des étés précédents !

Beurtpour possède une ménagerie assez curieuse. On y
.it des tigres de toute beauté, des ours, des petits che-
ux de Cachemire qui gambadent librement de tous
tés ; enfin nous y avons remarqué un antilope appelé
ohr, que je n'avais jamais rencontré jusqu'ici dans au-
ne autre partie du monde. C'est une espèce de cerf de
grandeur d'un âne, tenant droite et haute une tête
l'ombrage une magnifique ramure. — Mais les prome-
urs nous intéressaient plus que les animaux. Parmi
x se trouvaient des espèces d'albinos que les Indous
pellent *Kakrelaks*. Ces malheureux, assez nombreux
ns l'Inde, ont la peau d'une blancheur blafarde et sont
poussés par tous, parce qu'on les considère comme des
reux ; il en résulte dans l'esprit du peuple un pré-
gé contre tous ceux qui ont la peau blanche, lequel
aillit sur les Européens et contribue à les faire mé-
iser.

Le palais du Maha-Radja de Beurtpour serait une
bitation royale en Europe, mais il y en a tant d'autres
x Indes que je n'en parlerai pas longuement. Un
ignifique escalier de pierre nous conduisit à de vastes
leries situées au premier étage, comme toujours dé-
rées de mille arabesques et de charmants bas-reliefs ;
uis on est étonné d'y trouver un ameublement que
nierait le sous-préfet de Carpentras.

A la porte de chaque salle se trouvaient des soldats
xquels on avait enjoint de nous présenter les armes.
, chaque fois que nous passions près de l'un d'eux, il
ait son fusil en l'air d'une façon si grotesque qu'il était
ficile de ne pas éclater de rire.

Parmi les tableaux qui décorent ce palais, figurent :
poléon Ier, Napoléon III, la reine d'Angleterre, une
rée de la troupe du cirque américain à Londres, le

Pape, Thérésa, Luther, le Jugement dernier, une épreuve de géométrie descriptive et le Bal de l'Opéra.

Le Maha-Radja, sachant que nous avions l'intention de nous rendre à Dig, nous envoya le soir même une voiture invraisemblable traînée par deux énormes chameaux couverts de housses écarlates frangées d'or. Si cet équipage était incommode, du moins on n'en avait jamais vu de plus bizarre. Nous arrivâmes ainsi le lendemain matin à la petite ville de Dig, qui renferme un palais digne des Mille et une Nuits.

Les quatre pavillons qui le composent sont construits en granit rouge et en marbre de Jeypour, et présentent le modèle le plus parfait de l'architecture indoue. Les colonnes qui les soutiennent sont cannelées et renflées vers la base, suivant une courbe très-harmonieuse. Ces palais sont disséminés au milieu d'un parc ravissant, dans lequel on a réuni tout ce que l'art indou a de plus riche et de plus fantaisiste. Ce sont des canaux, des étangs artificiels garnis de margelles de marbre sculpté, des parterres de fleurs aux couleurs éclatantes, des manguiers, des bananiers, des orangers et une foule de plantes tropicales dont les fleurs parfument l'air et les fruits jonchent le sol.

Ici, de gracieux portiques, de longues colonnades, des fontaines, des cascatelles et des jets d'eau de toutes sortes.

Là, de légers arcs de marbre de forme ogivale qui encadrent la vue d'une manière charmante. Ces délicieux petits monuments se profilent, eux-mêmes, sur le ciel comme une fine dentelle sur du velours bleu. L'effet en est merveilleux. Quelles fêtes, quelles illuminations pourraient donner un Louis XIV dans un pareil palais!

Au moment de quitter ce lieu de délices, l'intendant chargé de représenter le Radja encore en bas âge, vint

ous offrir un superbe *dôli,* c'est-à-dire qu'il fit déposer
nos pieds deux corbeilles de fleurs et de fruits de la
randeur d'une roue de voiture, puis il me présenta une
oignée de roupies. Connaissant heureusement l'usage
dopté par les Anglais en pareil cas, je touchai l'argent
u bout des doigts en signe d'acceptation, mais je me
ardai bien de le prendre. Après cette formalité suivie
'une foule de salamalecs, nous reprîmes notre voyage
ans la direction de Mattrah.

Chemin faisant, notre guide nous fit arrêter, bon gré
nalgré, à Goverdon, disant qu'il était de notre devoir de
ouriste de visiter un palais non moins remarquable que
eux que nous avions vus jusqu'alors. Nous y allâmes
resqu'à contre-cœur, mais nous en fûmes récompensés.

La façade du palais de Goverdon est aussi riche qu'é-
gante ; les petits kiosques des angles sont d'une légè-
eté charmante ; quant aux galeries intérieures, elles sont
rnées de fresques représentant des batailles et différentes
ènes de la mythologie indoue, avec la naïveté de nos
eintures du moyen-âge.

Il est impossible de décrire dans un récit comme
elui-ci, les palais que l'on rencontre à chaque pas dans
Inde ; un dictionnaire suffirait à peine à les énumérer ;
ailleurs un monument se voit, mais ne se raconte pas.

Mattrah, placé sur le chemin de Delhi, constitue une
ape assez intéressante. C'est une petite ville, mais
ès-populeuse et très-animée. On y remarque une foule
e temples, un bazar assez pittoresque et une station
ilitaire que les Anglais ont établie à peu de distance
ns la campagne, afin d'entretenir la population dans de
ns sentiments.

CHAPITRE XIV

Après ces diverses journées passées à cheval, à dos
Éléphant, en char à bœufs ou à chameaux, j'avoue que
fut pour nous un vrai plaisir de retrouver le chemin
fer de l'ouest, qui en treize heures nous conduisit à
lhi, l'ancienne capitale de l'empire mogol.

Cette ville, quoique bien déchue de son ancienne splen-
ur, renferme encore cent-soixante mille habitants. Pres-
e tous descendent des anciens conquérants arabes, tar-
·es ou persans et sont musulmans. Ils n'ont que peu de
ssemblance avec les autres Indous; leur peau est moins
ire, leur attitude plus mâle; enfin ils ne mâchent pas
feuilles de bétel et ne se peignent pas de lingham au
lieu du front comme les sectateurs de Brahma.

Delhi est, après Calcutta, la ville la plus étendue de
nde. Les empereurs mogols l'ont entourée d'une en-
inte de fortifications, autrefois formidables, et dont

l'apparence est encore très-imposante; mais il paraît qu'en 1857 les premiers coups de canon firent sur elles le même effet que les trompettes célestes au siége de Jéricho : le seul bruit des détonations fit dégringoler des pans de murs entiers.

Au point de vue pittoresque, Delhi est loin d'égaler Bénarès. Les maisons assez régulières extérieurement, sont construites sur un terrain horizontal et les rues, tirées au cordeau, ornées de trottoirs et se coupant à angle droit, ressemblent un peu à celles de nos villes de province. En revanche, on ne trouve en aucune partie de l'Inde une plus grande quantité de riches produits-industriels. La ville tout entière est un vaste bazar, mais les principaux marchands se sont groupés de préférence sur une avenue appelée *Chandeny chok*, qui a deux milles de longueur. Elle rappelle les boulevards de Paris, seulement le trottoir, bordé d'une double rangée de tamarins, est placé au centre au lieu d'être sur le côté. C'est là que les élégants viennent se promener nonchalamment en se drapant dans leurs superbes robes de soie bleue ou violette brodées d'or.

Les boutiques ne présentent pas comme chez nous un étalage éblouissant; loin de là, on les prendrait au premier abord pour de misérables échoppes; mais si l'on se donne la peine d'escalader dans l'obscurité les marches menaçantes d'un escalier vermoulu, on trouve au premier étage des magasins où sont soigneusement enfermés les plus riches étoffes, des soieries magnifiques, des cachemires brochés de perles, des tissus d'or et d'argent et des bijoux de la plus grande valeur. Le fameux *Manick Chund*, notamment, nous a éblouis par la beauté des objets qu'il a étalés à nos yeux; et il a eu l'habileté de me faire acheter malgré moi, un tapis de table brodé de

)ie et d'or, qui a ravi d'admiration tous ceux qui l'ont vu.

Bien qu'il n'ait pas la valeur d'un cachemire, je crois
1'il est impossible de trouver rien de plus beau en ce
:nre, même à Constantinople. Si j'en excepte, toute-
)is, la couverture que le Radja de Baroda a fait faire pour
 tombeau de Mahomet, et dans laquelle on a broché
)ur plusieurs millions de perles, rubis, diamants et
itres pierres précieuses.

Cependant, de crainte de nous laisser entraîner aussi à
 folles dépenses, nous quittâmes bien vite le *Chan-*
my chok pour aller visiter le reste de la ville.

Le monument le plus remarquable de Delhi est la
imna mosjid. Cette grande mosquée passe pour être
 plus magnifique spécimen de l'art indo-musulman;
janmoins, elle ne m'a pas produit une impression aussi
isissante que le *Taj* d'Agra.

Qu'on se figure, sur la partie la plus élevée de la ville,
ie immense cour admirablement nivelée et dallée, à
quelle on arrive par de splendides escaliers en terrasse.
'ois de ses côtés sont bordés par des galeries ornées
une série d'élégantes petites coupoles, et sur le qua-
ième s'élève le bâtiment principal. Celui-ci est en gra-
t rouge et surmonté de trois dômes légèrement renflés
la base, le tout relevé aux angles par de gracieux mi-
irets.

L'aspect général de la *Jumna mosjid* est très-gran-
ose, et je crois qu'extérieurement elle peut rivaliser
ec nos plus belles cathédrales; mais l'intérieur leur
t très-inférieur. Ses murs, nus et dépourvus d'orne-
ents, sont d'une simplicité d'autant moins satisfai-
nte au point de vue artistique, qu'elle n'est pas rachetée
ir l'harmonie des grandes lignes.

Toutes les fois que l'on visite une mosquée, on ne

peut s'empêcher d'admirer la piété des musulmans et la ferveur respectueuse avec laquelle ils récitent leurs versets du Coran.

Quelle que soit l'allure des visiteurs, ils ne se dérangent jamais; rien ne peut les distraire; la belle Mme X. ., viendrait en personne qu'ils ne la regarderaient même pas!

Ce serait une erreur de croire que cette dévotion est exclusivement extérieure; car, il faut le reconnaître, la religion musulmane se rapproche beaucoup du déisme pur, et est une de celles qui renferme le moins de superstitions et de petites pratiques.

Dans leurs prières, les musulmans s'adressent toujours directement à Dieu et n'attachent que peu d'importance à leurs saints ou *santons;* aussi proscrivent-ils les images et les statues qui pourraient les représenter, trouvant qu'aucune d'entre elles ne mérite de troubler leurs regards dans le temple d'Allah. Ils pensent surtout que c'est un sacrilége de faire une figure ayant la prétention de représenter Dieu, car, disent-ils, le plus beau chef-d'œuvre sorti de la main des hommes ne peut être qu'une caricature comparativement à la réalité. Cette idée est la cause de la nudité de leurs temples; mais il faut le reconnaître, elle a empêché l'islamisme de dégénérer en idolàtrie, ainsi qu'il est arrivé à des religions beaucoup plus spiritualistes, dans presque tout l'univers et surtout en Asie.

Les musulmans instruits sont toujours très-portés aux études philosophiques, et s'assimilent volontiers ce qu'ils trouvent de bon dans les religions les plus étrangères à la leur, tout en abritant les courants d'idées les plus opposées sous le croissant de Mahomet; aussi est-il digne de remarque que les conquérants de l'Inde n'aient rien pris des doctrines brahmaniques. Bien que les livres sacrés de l'antiquité indoue aient pu apporter un utile appoint à leurs recherches métaphysiques, aucune fusion morale ne s'est produite entre eux. Leur philosophie et leurs sciences théologiques, de même que leurs arts et leur architecture, semblent exclusivement inspirés par la civilisation des Persans.

Nous causions ainsi en quittant la Jumna mosjid, lorsqu'un vieil *iman* vint nous proposer de nous faire voir, moyennant un *bakschich,* les sandales et trois poils de la barbe de Mahomet; mais nous déclinâmes cet honneur, au grand ébahissement du pauvre gardien de ce trésor, qui ajouta naïvement : « *Alors pourquoi donc toi venir à Delhi?* »

Le grand perron de la mosquée est l'endroit le plus animé de la ville ; il y règne un mouvement indescriptible. La foule se réunit là pour assister à l'arrivée de pigeons voyageurs, lâchés aux environs, et faire des paris ; c'est le grand sport de Delhi. Plus loin, des enfants, armés de longues perches couvertes de glu, prennent des petits oiseaux, à la grande satisfaction des badauds ; d'autres lancent des cerfs-volants ; des marchands de friandises encombrent le peu de place qui reste, et l'on ne sait plus comment passer sans écraser un fakir en prière, ou le cobra de quelque charmeur de serpents.

Un Anglais a eu l'heureuse idée d'établir à Delhi une auberge très-supérieure aux *bungalow* que nous avions rencontrés jusqu'alors, même à celui de Bénarès. Elle renferme plusieurs chambres enrichies de portes et même de fenêtres ; enfin on est assuré d'y trouver de quoi manger sans avoir besoin de l'apporter soi-même. Aussi, est-ce le rendez-vous de tous les nouveaux mariés, et par suite d'une foule de colporteurs. En ren-

trant vers cinq heures du soir, nous trouvâmes une
quantité de ces marchands qui nous avaient attendus
patiemment dans la cour depuis neuf heures du matin !
aussitôt, ils fondent sur nous et se ruent dans nos cham-
bres qu'ils transforment en boutiques, étalant des sa-
bres et des armes damasquinées, des étoffes, des robes
de bayadères, des bijoux, et des curiosités de toutes sor-
tes. L'un gratte une guitare incrustée d'ivoire, l'autre
fait résonner de petites cymbales d'argent ou nous attire
dans un coin pour nous montrer, sous le sceau du se-
cret, des peintures sur ivoire, capables de faire frémir le
prophète !

On nous tire par les bras, par les jambes, par les
habits ; un grand diable nous fait respirer de force des
parfums empestés, tandis que d'autres entassent autour
de nous des châles, des tapis et des tissus de toute
sorte, au risque de nous étouffer !

Les sauterelles ne furent pas plus indiscrètes du temps
de feu le roi Pharaon.

Ce ne fut qu'à grands coups de poing que nous par-
vînmes à mettre ces assassins à la porte. Les malheu-
reux m'avaient pris pour le nouveau marié de la cham-
bre voisine.

Après la Jumna Mosjid, le monument le plus intéres-
sant de Delhi est le palais du Grand-Mogol. Il se compose
d'une série de bâtiments de différentes grandeurs, placés,
comme par hasard, dans l'intérieur d'une forteresse qui
baigne ses murs dans la Jumna. On y remarque surtout
la salle des durbars. Ce pavillon, tout en marbre blanc,
est soutenu par de ravissantes colonnes et incrusté
d'arabesques, dont les festons et les entrelacs sont en
or et les fleurs en pierres précieuses. Sur le frontispice

on a écrit en persan « *S'il y a un paradis sur la terre, c'est ici, c'est ici !* »

C'est là que se trouvait autrefois le merveilleux trésor du Grand-Mogol, renfermant entre autres magnificences, des diamants énormes, des coupes de rubis et surtout ce fameux trône en or massif dont on a tant parlé et que l'on évaluait à cent cinquante millions de notre monnaie. Mais ce trône, Mahmoud-Sha ne sut pas le défendre, en 1739, contre l'invasion de Nadir-Sha, qui vint battre ses six cent mille soldats avec un ramassis de cinquante ou soixante mille brigands persans. On peut avoir une idée de la quantité de richesse que renfermait Delhi, en songeant que, d'après le sceptique Voltaire lui-même, Nadir-Sha emporta pour environ quinze cents millions d'objets précieux, à la suite du sac de la ville.

Les Anglais avaient toléré jusque dans ces derniers temps, l'existence d'un fantôme de Grand-Mogol sur le trône impérial ; ils lui payaient une pension de plusieurs millions et se servaient quelquefois de lui pour gouverner les fanatiques. Mais lors de l'insurrection de 1857, le dernier Timouride ayant servi de centre de ralliement aux rebelles, ils l'envoyèrent finir ses jours au fort de Vélore et supprimèrent définitivement cette sinécure, ce qui fut en même temps pour eux une heureuse économie.

Je le regrette au point de vue de la couleur locale, tout en félicitant l'Inde d'en être débarrassée. Certes, il serait à désirer pour les Indous qu'ils pussent se gouverner eux-mêmes ; mais, comme il est évident qu'en raison même de leurs qualités et de la douceur de leur caractère, ils seront toujours conquis et opprimés par des peuples plus guerriers, je trouve qu'il est plus avantageux pour eux d'être gouvernés sagement par des Anglais

que d'être, comme par le passé, pillés par des Tartares,
des Persans, des Afghans ou des Sykhs.

Cependant, en voyant l'orgueilleux empire des grands-
mogols écroulé et disparu comme un songe, les musul-
mans de l'Inde doivent être confondus et répéter plus
que jamais : « Dieu seul est grand. »

On se représentera parfaitement l'état pitoyable dans
lequel étaient tombés les derniers Timourides en lisant
le récit suivant, que j'emprunte à l'intéressant ouvrage
de M. de Lanoye, et qu'il intitule — Un durbar du
Grand-Mogol :

« Sur l'avis que tout était prêt au palais, nous nous
rendîmes à l'audience en grande pompe, précédés et sui-
vis d'une forte escorte d'hommes : cavalerie, infanterie,
domestiques et huissiers, le tout terminé par une troupe
d'éléphants richement caparaçonnés. Portés en palanquin
jusque dans la première cour du palais, où la garnison était
sous les armes et battait aux champs, nous y fûmes reçus
par le premier ministre, suivi d'une légion de vieillards,
ombres des *omrahs* des anciens jours, et tous décorés
à ce titre de longues cannes à tête d'or. »

Descendus de nos véhicules, nous pénétrâmes sous
un second portique revêtu d'élégantes sculptures, mais
sale, mais délabré, à l'extrémité duquel nos guides, ti-
rant un rideau, se mirent à crier en cadence : *Voici l'or-
nement du monde ! l'asile des nations ! le roi des
rois ! l'empereur Mohammed-Akbar-Bahadoor schah,
toujours juste, fortuné et victorieux !*

Nous étions dans la salle des audiences, sorte de halle
carrée, dont le toit en terrasse est porté sur une quadru-
ple rangée de piliers. Une balustrade très-basse forme
seule ses arcades. Son aire domine de quelques pieds le
sol environnant, et on y monte par plusieurs marches de

chaque côté. Ce petit édifice est entièrement de marbre blanc, relevé de coupoles gracieuses, de fleurs et d'arabesques en relief et dorées.

Après avoir incliné trois fois la tête en approchant la main droite du front, nous laissâmes sur les marches nos babouches parmi la multitude de celles des courtisans, et, respectant la lettre de l'étiquette orientale, nous en violâmes l'esprit en marchant sur le tapis impérial avec nos souliers européens recouverts de pantoufles indiennes. La foule des natifs y marchait pieds nus et en bas de soie : les Orientaux couchant sur leurs tapis, l'usage de laisser ses souliers à la porte paraît fondé.

Toujours sur les pas du *résident*, je m'approchai d'une estrade de marbre, surmontée d'un dais de même matière, où, sur une pile de coussins siégeait une vieille, noire et lamentable figure, ravagée par les ans et l'opium, et qui ne peut supporter une cérémonie qu'à force d'opium. — Voilà le descendant de Timour, de Babeur et d'Akbar !

Pendant qu'on lui criait mon nom, je m'inclinai encore trois fois, et, conformément à mes instructions, présentai à Sa Majesté, sur un mouchoir de batiste, un nuzzer de trois roupies d'or qu'elle prit et posa près d'elle, en m'adressant d'une voix grêle et cassée, quelques mots sur ma santé, sur la France, sur son gouvernement, et enfin sur la distance qui sépare ce pays de l'Angleterre.

Pendant que je répondais de mon mieux, et en accomplissant force salàms, à ces graves questions, le premier ministre, ayant fait semblant de prendre les ordres de son souverain, s'approcha de moi et m'informa que l'empereur m'accordait un *khelat* ou vêtement d'honneur. J'ai su depuis que c'était chose convenue d'avance et

stipulée par le *résident*. Le ministre m'emmena donc
en cérémonie dans une sorte de garde-robe voisine de la
salle d'audience, et là, je fus, comme M. Jourdain, re-
vêtu d'un costume grotesque par les gens de l'empereur ;
il ne manquait au cérémonial que de la musique pour
rendre la ressemblance complète. Le *résident*, d'un air
grave, comptait les pièces de mon habillement, dont le
nombre mesure la faveur impériale. C'était d'abord une
grande robe de chambre, de cette espèce de drap d'or et
d'argent dont on confectionne chez nous les ornements
ecclésiastiques, et, par dessus ce vêtement long et traî-
nant, on me passa avec beaucoup de peine une veste
étroite en drap d'argent. Puis le ministre, de sa propre
main, déguisa mon chapeau, un chapeau gibus ! en tur-
ban, en entortillant tout autour une interminable bande
de mousseline brodée d'argent ; enfin une espèce d'étole
ou d'écharpe, de la même étoffe que la robe, me fut jetée
sur les épaules.

Dans ce burlesque accoutrement, je revins procession-
nellement devant l'empereur, marchant entre le *rési-
dent* et le premier ministre. Les hérauts annoncèrent
mon entrée de manière à m'étourdir, politesse à laquelle
je dus répondre par des salams réitérés. Toujours sa-
luant, je fus ramené aux pieds du trône et j'exprimai ma
reconnaissance de tant d'honneur en remettant trois au-
tres pièces d'or à l'empereur, qui les prit comme devant;
sur quoi, un diadême brillant de pierreries lui fut ap-
porté ; il l'attacha lui-même à mon turban improvisé,
tandis que je me tenais incliné devant lui ; enfin il me
passa au cou un collier de perles et me ceignit du sabre
d'honneur. Après chacun de ses dons, je glissais cour-
toisement une pièce d'or dans la main impériale, comme
on fait à un médecin après une consultation ; et le pauvre

)mme paraissait tout satisfait, et de cette farce de théâtre
du rôle d'automate qu'il y remplissait.

Au sortir de cette scène, dont la grotesque et misé-
ble vanité commençait à me lasser, on m'arrêta pour
e dire que l'héritier du trône n'ayant pu, par suite
une indisposition, venir à ma présentation, il serait
urtois de lui envoyer une pièce d'or ou deux et qu'on
y attendait. Je m'exécutai de bonne grâce, et un
oment après, il me fallut encore sacrifier quelques
upies pour satisfaire une bande d'avides et pauvres
lets qui m'attendaient à la porte.

Je ne pensais pas trouver une grande valeur aux
ideaux du Mogol déchu; si bas que je les estimasse, je
s encore déçu dans mon attente. En me débarrassant
ι mon déguisement, qui ressemblait à celui d'un
robate, je trouvai que la matière de mon diadême
yal n'était qu'une sorte de pâte; les diamants et les
rles étaient de verre aussi mal coloré qu'ajusté, et de
ut le costume il n'y avait de vrai que le fil d'argent
s étoffes, par la raison qu'on n'est pas encore parvenu
en fabriquer de faux à Delhi. Si minime que fût la
leur de ces dons, tout Anglais aurait néanmoins été
nu de les livrer au trésor de la Compagnie; mais
mme étranger, je fus autorisé à les garder, et l'on
'offrit même, en cas que je voulusse les céder, de m'en
yer le prix. C'était pour les faire servir dans une autre
casion du même genre. »

Parmi les choses curieuses de Delhi, je ne dois pas
nettre de citer le petit temple de Poross-Doss. Comme
appartient à un particulier, peu de personnes le con-
issent, mais je conseille fort aux voyageurs qui passe-
nt dans ces parages de tâcher de le visiter; il est
marquable par la profusion des dorures, la richesse des

idoles et les mosaïques en or, argent et pierres fines qui décorent ses murs en représentant différents sujets de la mythologie indoue.

Les Anglais ont fondé aux environs de la ville un musée qui renferme bon nombre de curiosités. On y voit des objets en bois sculptés, chefs-d'œuvre de patience des indigènes, et des oiseaux de toutes sortes ; mais on distingue spécialement, parmi les plus beaux produits des pays, une collection de serpents, aussi complète qu'on peut honnêtement le désirer, chacun d'eux se gaudissant dans une cage de verre spéciale. Or, il paraît qu'un jour, un scélérat de cobra, jouissant déjà d'une détestable réputation à cause de ses nombreux méfaits, parvint à s'échapper et se cacha pendant un mois dans je ne sais quel coin du musée sans qu'il fut possible de le retrouver. Il s'agissait de le prendre et cependant il fallait éviter de mettre la main dessus ! Or, ce que l'on craignait arriva ; il mordit son geôlier, et cet accident seul le fit découvrir. Ce monstre a été réintégré dans son domicile où, malgré l'étendue de ses crimes, il m'a paru relativement mieux nourri et logé que les collégiens français.

On nous a fait voir aussi une pierre fort curieuse, provenant d'une carrière des environs : c'est un grès presque aussi flexible que du caoutchouc. J'en ai rapporté un long morceau qui se plie comme un jonc, mais je ne conseillerai à personne de s'en servir pour construire sa maison, de crainte que les jours de vent, elle ne se balance d'une façon un peu trop fantaisiste.

Cependant, le temps avançait et il fallut fixer notre départ au 10 janvier.

Justement ce jour-là, un certain Persan, nommé *Rumma Mills*, nous invita pour le soir même à une natch et à un grand festin qu'il donnait en l'honneur du

ıariage de son fils. Afin que personne ne s'égarât, il
vait fait placer dans toutes les parties de la ville,
'immenses écriteaux, avec son nom écrit en caractères
nglais et indostanis, et une main indiquant la direction
u'il fallait suivre.

Malheureusement nous ne pûmes suivre ce chemin et
ɔ *great rail road* nous conduisit en une nuit à Um-
allah, situé à une soixantaine de lieues au nord-ouest
ɔ Delhi.

CHAPITRE XV

Umballah. — La station. — Pattialah. — Le roi nous installe dans un magnifique palais. — Jardin, pavillon de glaces, kiosque de marbre, etc. — Visite du roi — Le serpent de caoutchouc. — Durbar. — Politesse des habitants. — Dîner que nous offre le roi. — Bayadères. — Le mari de l'une d'elles me fait l'éloge de sa vertu. — Conversation matrimoniale avec l'un des officiers du roi. — Excursion dans l'Himalaya. — Jeune cavalier escaladant des rochers à pic. — Cet homme était une femme. — Kussolies. — Calkas. — Retour à Calcutta.

La petite ville d'Umballah appartenait autrefois au royaume de Lahore et constitue aujourd'hui un des centres militaires des Anglais dans l'Inde septentrionale. C'est donc là qu'il faut établir son quartier-général lorsqu'on veut rayonner dans les curieuses localités environnantes.

Suivant l'éternel système dont j'ai déjà si souvent parlé, la station d'Umballah est à une lieue du camp anglais, et celui-ci est lui-même à deux lieues de la ville. Aussi étant débarqués à cinq heures du matin, au milieu d'un vrai désert, ne trouvant ni maisons, ni voitures, ni chevaux, nous ne fûmes pas médiocrement embarrassés, pour nous tirer d'affaire.

Cependant, croyant que le bungalow était à une petite distance, nous prîmes nous-mêmes nos valises; un nègre borgne qui se trouvait là, emporta sur ses épaules une partie de nos colis, le vertueux Georges prit le reste et voulant faire du zèle, partit en avant. Bientôt le borgne voulut le rejoindre, chacun s'en alla à l'aventure et le chemin s'allongeant toujours, nous finîmes par nous perdre complètement, et de la manière la plus sotte du monde. Enfin, après une heure d'anxiété, Georges revint tout essoufflé, ruisselant de sueur et le casque plus enfoncé que jamais. Il nous dit qu'il avait retrouvé le nègre et nos effets, l'un portant l'autre, et que le tout reposait dans un bungalow que nous avons depuis surnommé l'*Emmanuel*.

Nous aurions pu nous épargner tous ces ennuis en écrivant un mot au *collector*, pour lequel le vice-roi nous avait donné des lettres d'introduction; mais, bien que cela se fît journellement dans l'Inde, nous ne voulions pas le mettre ainsi à réquisition avant même de le connaître. Toutefois, notre premier soin fut d'aller lui rendre visite. Celui-ci, avec cette obligeance à laquelle on nous avait déjà habitués, insista vivement pour nous installer chez lui, nous offrit un excellent *tiffin* et nous proposa de faire une promenade dans le camp anglais. Bien qu'il parût fort intelligent, nous eûmes comme toujours une peine infinie à lui faire comprendre que nous désirions visiter la ville d'Umballah.

— Quelle ville? répondait-il, le camp?...

— Non, la ville indoue !

— Oh! c'est inutile, il n'y a rien à voir.

— N'importe ! nous désirons voir par nous-mêmes ce qu'est ou n'est pas Umballah.

— Messieurs, vous en ferez ce que vous voudrez,

mais, si vous m'en croyez, vous resterez tranquillement ici à causer avec nous de Paris et de nos amis communs.

— Monsieur, répliquai-je, nous aurons un vif plaisir à nous entretenir avec vous et profiterons dès ce soir de votre aimable invitation ; seulement je vous ferai observer que nous sommes venus de Delhi pour voir Umballah.

— Quoi, la saleté native !!!

— C'est, en effet, le plus brûlant désir de notre âme.

Ah ! eh bien, qu'à cela ne tienne, — et il fit aussitôt atteler une superbe calèche qu'il mit à notre disposition, en nous priant de l'excuser s'il ne nous accompagnait pas dans cette excursion.

Il ne nous fallut pas moins d'une heure et demie pour arriver à la ville indoue qui, je le conçois, n'offre pas un grand attrait à l'homme obligé d'y passer sa vie ; mais pour un voyageur, le désert lui-même est intéressant.

A peine arrivés, nous consignâmes notre équipage dans un carrefour et partîmes à pied, laissant notre escorte dans la stupéfaction. Avec quel plaisir nous nous perdions librement à travers ce dédale de ruelles étroites et bizarres qui se tortillaient devant nous. Nous en avions visité assurément de beaucoup plus curieuses, mais, je le répète, aux Indes, chaque ville possède un cachet tout à fait particulier.

Après quoi, nous revînmes chez le *collector*, qui nous plaisanta sur notre course et nous engagea vivement à visiter Pattialah, ville remarquable du Penjab, dont il connaissait intimement le Maha-Radja, roi indépendant et puissamment riche. Comme il s'aperçut que cette proposition nous souriait fort, il lui expédia, séance tenante un courrier pour le prévenir de notre arrivée, et, dès le lendemain, il fit de nouveau atteler à notre intention sa fameuse calèche.

Cette voiture, transportée de Londres, est payée et entretenue par le Maha-Radja, qui la laisse à la disposition du *collector* et des hôtes qui veulent aller lui rendre visite à Pattialah.

Franchement, cet usage, que j'ai retrouvé dans toutes les parties de l'Inde, m'a toujours paru très-singulier, quoique j'en aie partout profité largement.

Le voyage de Pattialah demande cinq à six heures de marche à travers champs, ou plutôt à travers des déserts, car il n'y a de ce côté ni habitations, ni culture, et, par suite, aucune route. Nous voilà donc dans ce fameux carrosse, digne d'*Hyde-Parc*, escaladant des talus, dégringolant des fossés, et à chaque instant sur le point de verser. Nous marchons ainsi, tant bien que mal, pendant les deux tiers du trajet, mais alors, une des roues s'étant enfoncée jusqu'au moyeu dans un énorme trou, les chevaux en profitèrent pour se coucher et refusèrent tout service. Les dix ou douze Indous, en guenilles brodées d'or, qui nous escortaient dans cette périlleuse navigation allaient et venaient sans rien faire. Il fallut, comme à Nagpour, descendre, taper, piquer, hurler et pousser à la roue nous-mêmes pour démarrer. Tout cela dura fort longtemps, et nous n'arrivâmes à Pattialah qu'à une heure assez avancée dans la journée.

On nous conduisit immédiatement dans un magnifique palais que le roi mettait à notre entière disposition, ainsi qu'un nombreux personnel. — Nulle part dans l'Inde nous n'avons reçu une aussi splendide hospitalité.

Le palais que nous occupions, situé à l'un des faubourgs de la ville, est entouré d'un vaste parc dans

LA JUMNA-MOSJID, A DELHI

equel rayonnent des avenues de palmiers, d'orangers,
le roses et de jacinthes dont les fleurs embaument tout
'atmosphère. Au milieu des allées se trouvent des ca-
iaux de marbre garnis de jets d'eau, qui forment les
lessins les plus gracieux et rafraîchissent l'air, grâce à
a rosée qu'ils répandent autour d'eux. Puis ce sont des
:ascades artificielles, étincelantes au soleil, et des bassins
)ù nagent des cygnes, rivalisant de blancheur avec les
iénuphars qu'ils caressent de leurs ailes. Plus loin s'é-
end une belle terrasse dont les murs et les tours se
)aignent dans le Toghour, et d'où l'on domine la plaine
/oisine.

De là, le palais offre l'aspect le plus oriental que l'on
)uisse rêver, grâce à ses moucharabis et surtout aux
)rnements bizarres qui en recouvrent le toit : ce sont de
égères coupoles, des galeries, des dômes de toutes
ormes et des arcades qui ressemblent à des bateaux
enversés, soutenues par des colonnettes et hérissées de
nille petites aiguilles verticales.

Au dedans, les chambres donnent sur de beaux salons
lécorés dans le style de l'Alhambra, avec portes cintrées
)n fer à cheval, arabesques, peintures, incrustations et
culptures. Les fenêtres sont ornées de doubles vitraux
le couleur qui ne laissent passer qu'une douce lumière
)t de riches candélabres de cristal sont répandus en grand
iombre dans tous les appartements.

Parmi les édifices que comprend cette royale habita-
ion, se trouve un kiosque appelé *Schish mohoul,* c'est-
-dire *pavillon de glaces.* Ses décorations intérieures,
[uoique d'une valeur inférieure à celles dont j'ai déjà eu
'occasion de parler, sont néanmoins d'un effet éblouis-
ant.

Le plafond et les murs sont entièrement tapissés d'une

sorte de mosaïque dont chaque pièce, au lieu d'être un simple fragment de pierre, se compose d'un petit miroir convexe placé au fond d'une cavité recouverte d'un morceau de verre de couleur, enchâssé dans un filet d'or. Toutes ces pièces, artistement rapportées, forment des dessins ravissants, et les jeux de lumière qui résultent de ces combinaisons, sont tellement merveilleux, que l'on croit être dans un palais de diamants, de rubis et d'émeraudes !

Mais un spectacle mille fois plus féérique nous était encore réservé.

Dans une autre partie du parc, parmi de verts bosquets de bambous et de cocotiers, s'étend un immense bassin bordé de larges assises, et au centre s'élève un délicieux portique en marbre blanc, transparent comme l'albâtre et sculpté avec un goût parfait. Une double rangée de colonnes cannelées et renflées à la base dans le style indo-musulman, soutiennent le faîte au-dessus duquel on a placé un réservoir plein d'eau, habilement dissimulé par une balustrade taillée à jour comme une dentelle.

Mais c'est ici que nous sommes dans le domaine du merveilleux. Le toit s'allongeant au-dessous de cette gracieuse balustrade, forme de larges auvents où coulent à volonté de belles et luisantes nappes d'eau qui répandent la fraîcheur et, tamisant les rayons du soleil, leur donnent toutes les couleurs de l'arc-en-ciel. Huit ou dix personnes tiennent aisément dans ce pavillon sans se mouiller, bien qu'elles y soient comme enveloppées d'un manteau de cristal liquide, ce qui rend ce petit paradis terrestre inappréciable pendant les chaleurs de l'été.

Nous passâmes ainsi notre journée à visiter toutes ces magnificences, sans pouvoir nous décider à sortir, quoique plusieurs éléphants, harnachés d'argent et revêtus de housses superbes, nous tendissent leurs trompes depuis le matin.

Enfin, à la tombée de la nuit, nous trouvâmes un excellent dîner, préparé à la manière européenne, par un cuisinier anglais que le roi entretient. exprès pour les occasions où il reçoit des infidèles. Il y avait force vins de France et d'Espagne, et notamment un peloton de bouteilles de champagne! Peut-être les Indous se figurent-ils qu'ayant le droit d'en boire, nous le prenons à la pinte; mais je crois plutôt que des serviteurs zélés tenaient à ce qu'il en..... *restât* pour tout le monde.

Il est vrai que le roi de Pattialah, ayant, à ce que l'on dit, un million de livres sterling de revenu, peut se livrer librement à toutes ces prodigalités.

Quoiqu'il en soit, la vue de ce repas était réjouissante, et nous nous livrâmes avec activité aux devoirs de la situation.

Cependant des musiciens, assis sur des nattes autour de notre table, jouaient du saranqui, et d'une sorte de viole d'amour dont ils tiraient des sons d'une exquise douceur.

Puis, dans le courant de la soirée, trois ravissantes bayadères nous furent envoyées par ordre du Maha-Radja, et commencèrent bientôt leurs danses moelleuses et lascives.

Ces admirables corps, ces statues vivantes piétinaient sur place, se traînaient et se tordaient en chantant langoureusement le *taza-ba, taza-no-ba-no* de Lalla-Rouka.

Leurs yeux se mouraient voluptueusement et, suivant l'expression persane, *l'air se parfumait en passant sur elles*.

L'une de ces jolies perles de l'Orient m'ayant particu-
lièrement frappé par sa rare beauté, j'en fis compliment
à l'un des musiciens qui l'avaient accompagnée ; puis
j'ajoutai, en plaisantant, que je ne la supposais pas d'hu-
meur trop farouche : « Qu'en pensez-vous lui dis-je, »
simple curiosité.

— Elle !!! répondit-il, d'un air furieux, jamais de la
vie, c'est ma femme !

— Ah ! répliquai-je, alors c'est différent. — Le lende-
main, nous nous proposions d'aller dès le matin rendre
visite au roi, pour le remercier de toutes ses munifi-
cences ; mais on nous en dissuada ; c'était, paraît-il,
tout-à-fait contre les usages, et il devait venir le pre-
mier chez nous.

Les Anglais ont, en effet, mis les plus puissants princes
indous sur un pied tel de vassalité vis-à-vis d'eux, qu'au-
jourd'hui, le plus petit sous-lieutenant de l'armée des
Indes ne daignerait jamais faire la moindre avance au
plus grand seigneur du pays, avant que celui-ci soit venu
lui rendre hommage.

Vers dix heures, on nous annonça l'arrivée de Sa Ma-
jesté et de sa cour. Aussitôt, en dépit de toute étiquette,
nous allâmes au devant d'eux en parcourant rapidement
l'avenue par laquelle ils débouchaient. Apercevant alors
une douzaine de personnes dont les costumes de soie et
d'or étaient également riches, je fus extrêmement em-
barrassé pour distinguer le roi et savoir celui que je de-
vais saluer.

Par bonheur, en ce moment, un serviteur placé au se-
cond rang et armé d'une longue queue de cheval, em-
manchée au bout d'une trique, en administra un léger
coup sur la tête de celui qui était devant lui, sans doute
pour chasser les moustiques de son auguste tête ; j'en

conclus que ce devait être le roi, et je lui fis un profond *salamalech*.

Sa Majesté vint se placer au centre de notre grand salon, et ses vizirs en ligne de chaque côté. Je m'empressai de lui faire comprendre combien je lui étais reconnaissant de sa splendide hospitalité; puis, sentant qu'il fallait la reconnaître par quelque don digne d'un Radja de son importance, je lui offris un serpent en caoutchouc que j'avais acheté trois francs cinquante à la foire de Bade l'année précédente.

Je le mis d'abord par terre, et, bien que ses mouvements lui fissent croire qu'il était vivant, il ne se départit pas un instant de son immobilité orientale, mais bientôt il comprit ce que c'était, et ce joujou parut l'amuser beaucoup. Il figure aujourd'hui dans le grand musée de Pattialah.

Avant de se retirer, le Maha-Radja nous invita à venir passer la soirée dans son palais, afin d'assister au *durbar* qu'il organisait en notre honneur.

A l'heure indiquée, nous partîmes processionnellement sur le dos de nos éléphants, et faisions une entrée pompeuse dans la grande cour de la résidence royale.

Le grand-vizir vint nous recevoir au bas de nos échelles et nous conduisit dans une immense galerie éclairée par une telle profusion de lustres, qu'il eût été impossible d'en intercaler un nouveau sans en déranger d'autres.

Le roi s'inclina, se cacha la figure avec ses mains et s'assit dans un grand fauteuil en nous plaçant à ses côtés; puis, les vizirs et les courtisans s'échelonnèrent sur la même ligne dans toute la longueur de la galerie. Ils étaient revêtus de costumes de soie aux couleurs les plus éclatantes, avec des turbans de mousseline de Bénarès et des armes ornées de bijoux resplendissants.

Nos habits grotesques et surtout nos pantalons collants paraissaient bien étranges au sein de cette cour somptueuse, et j'avoue que jamais je n'en ai senti plus vivement le ridicule et l'absurdité.

Mais ce qui révolte le plus les Indiens, c'est de voir les Européens se servir de gants de peau, qu'ils considèrent comme d'ignobles dépouilles cadavériques, et dont le seul attouchement les obligerait à d'interminables ablutions et purifications morales. Le *pantcha gavia* serait alors indispensable pour les remettre en état de grâce.

Suivant l'usage du pays, aucune femme n'assistait à la fête, mais je m'attendais à voir arriver des bayadères ; il n'en fut rien. Le roi, trouvant ce divertissement trop commun, avait voulu innover, et nous ménageait une surprise.

En attendant, voulant causer un peu avec Sa Majesté et ayant bientôt épuisé mes provisions d'indoustani, je fis venir Georges pour servir d'interprète, et il se plaça debout derrière nos fauteuils. Mais à l'aspect hétéroclite de ce vertueux serviteur, le roi et toute sa cour ne purent tenir leur sérieux habituel et rirent assez franchement. Je crois que c'était la première fois que je voyais rire un Indou, et j'en fus un peu mortifié.

Toutefois le Maha-Radja parut très heureux d'avoir un homme au moyen duquel il lui serait possible de nous parler et commença de suite la conversation. Mais Georges ne comprit pas ce qu'il disait.

Le Radja reprit sur un ton plus élevé; même embarras : notre pauvre diable était dans un de ses jours de surdité complète. A la fin le roi impatienté cria de toutes ses forces. Notre malheureux interprète fut alors tellement ahuri qu'il en laissa tomber son casque de carton

et tous les vizirs croyant que nous assassinions leur maî-
tre, se levèrent épouvantés.

Il fallut cesser l'entretien et nous contenter de mon-
trer les différentes choses qui nous frappaient en répétant
« atchâ ! bautachâ ! » ce qui signifie « c'est charmant,
c'est superbe, » mots qui sont toujours d'un bon effet.

Heureusement la diversion ne se fit pas attendre; on
ouvrit tout-à-coup les portes à deux battants, et nous vî-
mes entrer un petit homme gros, joufflu et rougeaud, en
costume écossais tenant une énorme cornemuse sous
le bras.

Cet artiste se promena de long en large dans toute la
longueur de la galerie, pendant une demi-heure de suite
en jouant sans cesse le même air avec la gravité d'un
croque-mort. On avait sans doute assuré au Maha-Râdja
qu'il n'y avait pas de bonne fête en Angleterre sans cor-
nemuse et il entretenait cet Écossais pour les réceptions
de gala.

Après une suffisante consommation d'*âlchas*, de mu-
sique et de *salamalechs*, le *durbar* fut levé et nous nous
retirâmes dans notre somptueux palais.

Peu d'instants après, un officier vint de la part du roi
nous offrir, sous forme de *doli*, des armes et plusieurs ob-
jets que nous avions admirés devant lui. Je crois, en vé-
rité, que s'il nous eût été possible d'emporter le *Schish
mohoul*, il nous l'aurait donné.

Le jour suivant, nous allâmes nous promener en voi-
ture dans la ville et faire quelques acquisitions au bazar.
J'en ai rapporté, entre autres choses curieuses, des ins-
truments de musique, des lances d'une forme assez bi-
zarre et une poudre d'antimoine qui donne aux yeux
un éclat extraordinaire. Je la garde précieusement pour
la mettre à la disposition des dames qui seraient curieu-

ses de l'essayer, surtout si elles veulent le faire devant moi.

La ville est petite, mais blanche, gentille et proprette. Elle renferme plusieurs palais magnifiques et un jardin zoologique des plus riches où se trouve, fièrement mélancolique, un lion noir admirablement beau et dont je crois l'espèce fort rare.

Dans les rues, circulent une quantité inouïe d'éléphants, — autant que de chevaux à Paris. On les voit se promener de tous côtés avec la majesté qui les caractérise, portant ou traînant les plus minces fardeaux. D'ailleurs ils paraissent très doux et ne font jamais de mal à personne.

Mais ce qui nous a le plus frappé, c'est l'extrême politesse des habitants de Pattialah.

Tous se prosternaient sur notre passage en joignant les mains et en se touchant le front en signe de respect. Il est vrai que nous étions majestueusement installés dans le fond d'une voiture de gala et entourés d'une foule de domestiques revêtus de livrées rouges et de turbans brochés d'or. Des mannequins mis à notre place eussent été certainement salués de la même façon; et pour peu qu'on les eût affublés d'habits brodés, la population se fût mise à genoux. — Combien y a-t-il de gens, en ce monde, qui ne se doutent pas que l'on salue tout en eux, excepté eux !

Les habitants de Pattialah sont généralement costumés de la manière la plus élégante. Ils portent des robes, des ceintures et des turbans aux nuances les plus vives et les plus fraîches, — bleu, vert, orange, cerise, rose ou lilas, le tout assorti harmonieusement et relevé par une légère écharpe rejetée avec grâce sur l'épaule.

Nous n'avions plus cependant que peu de temps à

asser dans l'Inde, et nous tenions à en profiter pour
lire une petite excursion dans l'Himalaya. Nous retour-
âmes donc à Umballah.

Chemin faisant, nous causâmes avec un officier auquel
a Maha-Radja avait donné l'ordre de nous accompagner,
spérant ainsi nous renseigner sur les usages du pays.

Ce digne Indou nous demanda d'abord des nouvelles
e nos harems, et voici l'entretien qui s'établit à ce sujet :

— Combien as-tu de femmes ? me dit l'officier.

— Une seule.

— As-tu des enfants ?

— Oui, j'ai une fille.

— Ah !... et elle, combien a-t-elle d'enfants ?

— Miséricorde ! aucun, elle n'a que cinq ans.

— Tu t'es donc marié bien tard ?

— Mais non, à vingt-et-un ans.

— Que Vischnou te le pardonne ! — Et comment se
lit-il que tu ne te sois pas marié à dix ans ?

Pendant que je cherchais une réponse satisfaisante à
ette question inattendue, déjà mon interlocuteur s'a-
ressait à Georges, et lui demandait également s'il était
narié.

— Moi ! oh non Saheb ! je suis trop pauvre, répondit-il.

— Trop pauvre ! Qu'est-ce que tu gagnes ?

— Une cinquantaine de roupies par mois.

— Hé bien ! mon palefrenier n'en gagne que trois
7 fr. 50 c.), et il trouve le moyen de se nourrir, lui, sa
mme et ses deux enfants !

— Et les gens riches, lui demandai-je à mon tour,
ombien ont-ils de femmes, chez vous ?

— Vingt — cinquante — cent et jusqu'à cinq cents.

— Comment passent-elles leur temps dans le harem ?

— Elles s'amusent avec leurs bijoux, les retirent de

leurs coffrets un à un, les y remettent, puis elles s'habillent, se regardent dans un miroir, dorment, fument et jouent de la guitare.

Arrivés à Umballah nous perdîmes notre pantoufle de Cendrillon, et un modeste *dôk-gari* nous transporta en une nuit à Kalcas, petit village situé au pied de l'Himalaya. A partir de là, on ne voyage plus qu'à cheval, car les chemins deviennent de plus en plus étroits et escarpés.

Pendant la première journée nous avons encore trouvé des champs cultivés, mais bientôt ceux-ci ont fait place à des djungles assez bien fournis, quoique très inférieurs aux magnifiques forêts qui tapissent tout le revers oriental des cordillères des Andes.

Ce sont des bosquets de bambous, des arêquiers, des cactus, des dracœnas, des aloës gigantesques et des pandanus de loin en loin.

Il paraît que dans quelque partie de l'Hymalaya où l'on voyage, on ne jouit jamais d'un coup d'œil bien grandiose, parce qu'en raison même de l'immensité de cette chaîne colossale, on n'arrive que progressivement aux points assez élevés pour découvrir les suivants ; on ne peut apercevoir ainsi les montagnes centrales que lorsque l'on est déjà parvenu à une hauteur énorme.

Chemin faisant, nous vîmes sur la route un fakir, solide gaillard de vingt-cinq à trente ans, qui vint faire devant nous des contorsions ridicules pour exciter notre pitié et obtenir quelque aumône. Je lui demandai pourquoi il ne travaillait pas ; il me répondit que sa caste ne le lui permettait pas, ayant l'honneur d'appartenir à l'ordre des brahmines. Je lui en fis de respectueux compliments et passai outre, ne voulant pas encourager d'aussi sots préjugés.

Plus loin, nous fîmes une rencontre plus intéressante :
un détour de la route, j'aperçus tout-à-coup un jeune
)mme monté sur un superbe cheval noir qui se cabrait
la cîme d'un rocher au bord même d'un précipice.
ne espèce de burnous lui donnait l'apparence d'un
:abe et un *kéfiéh* de mousseline attaché sur sa tête
ltigeait au gré du vent comme un étendard.
Aussitôt que je l'eus rejoint, je fus saisis d'admiration
la vue de sa merveilleuse beauté. Il avait le teint blanc
at et les grands yeux veloutés de nos plus langoureu-
s créoles. Cependant je m'expliquai d'autant moins
fascination que produisait sur moi cet adolescent, qu'à
on avis, rien n'est laid comme un joli garçon. Je le
gardais avec plus d'attention, et bien qu'il fût militai-
ment campé à californchon sur son cheval, malgré
n poignard et ses pistolets, je reconnus — que ce jeune
mme était une femme. J'exhumai aussitôt les quel-
es mots d'indostani dont j'avais fait collection pour les
andes circonstances, et je fis en sa compagnie le che-
n qui nous séparait encore de Kussolie.
Ce village, situé à quelques milles de Simla, est campé
une grande hauteur, et comme il y fait très frais, les
iropéens riches viennent y passer la saison des
aleurs.
Là, une foule de petits *cottages*, sont dispersés au
ilieu d'un bois de sapin rappelant les Alpes, — ce qui
rprend d'autant plus que l'on vient à peine de quitter
; plaines brûlantes de l'Inde.
On jouit à Kussolie d'un superbe panorama, et on aper-
it les chaînes neigeuses de l'Himalaya se dérouler tout
tour de soi.
C'est là qu'il me fallut, à mon très-grand regret, quit-
: mon excellent compagnon de voyage, Longfellow,

car il allait parcourir le Cachemire et le petit Thibet, tandis que je devais retourner directement à Calcutta, où chauffait déjà le bateau qui allait m'emmener en Chine.

À mon retour à Kalcas, je fus agréablement surpris par une vingtaine de femmes, qui vinrent me donner une sérénade dans le jardin de ma cabane. Ces musiciennes appartenaient à une sorte de tribu de bohémiennes, toujours errantes à travers les montagnes de l'Himalaya. Elles avaient un costume bizarre, rappelant un peu celui des moresques d'Alger, fait avec des étoffes de soie verte, rouge et jaune, comme le plumage des perroquets; elles chantaient sur un ton plaintif, mais d'une voix fraîche, des airs semblables au ranz des vaches, avec échos, sur des notes filées et prolongées à l'infini. Cette petite fête me parut très-caractéristique ; aussi, plein de générosité, je leur donnai une *roupie* qu'elles se partagèrent avec une vraie satisfaction.

Enfin, je repris le chemin de fer à Umballah et, en trois jours, je fus de retour à Calcutta.

Je me proposais d'aller remercier sir John Lawrence des lettres de recommandation qu'il m'avait données et qui m'avaient été si utiles, mais il avait déjà été remplacé par Lord Mayo, qui remplissait, depuis le premier janvier, les fonctions de vice-roi. Étant à la veille de mon départ, je ne fis que l'entrevoir, cependant cela suffit pour augmenter le regret que j'éprouvais de ne pouvoir séjourner plus lontemps aux Indes.

Je retrouvai au *great eastern hôtel*, mon beau-frère et
nous nous décidâmes à revenir en Europe par la Chine,
Japon, la Californie et les États-Unis.

Les paquebots des messageries impériales et ceux de
royal mail company ne vont pas directement de Cal-
itta en Chine. Il faut se rendre d'abord à Ceylan et y
tendre le passage des bateaux qui font le service men-
uel entre Suez, Aden, Pointe-de-Galles, Singapour et
ong-Kong, ce qui est très long et très coûteux. Mais la
aison Jardine, dont le commerce de l'opium entre
nde et la Chine est des plus considérables, étant obligée
e transporter cette denrée très-rapidement sous peine

de la voir se détériorer, a établi de petits bateaux à vapeur qui vont de Calcutta à Hong-Kong, en quinze jours et qui prennent quelques passagers à bord.

Le *Glen-Gyle*, l'un de ces bâtiments, devant partir le lendemain 21 janvier, de bon matin, nous fîmes chercher vers minuit un dôk gari afin d'aller au quai d'embarquement situé, nous disait-on, tout près de là. Nous espérions ainsi passer une paisible nuit dans nos cabines et nous réveiller au milieu du golfe de Bengale.

Nous entassâmes dans cette chétive cariole, nos malles et nos nombreux colis accrus de toutes les acquisitions que nous avions faites dans le pays, et dont les formes insensées n'avaient pu prendre place dans aucune caisse. C'était un monceau de bagages de toutes formes, de provisions de voyage, de fusils, de carabines plus ou moins *Remington*, de flèches sortant par les portières, de longues guitares et de toutes sortes d'instruments de musique, le tout surmonté du vertueux Georges et d'un singe grimpé sur le haut de son fameux casque de carton.

Nous constations, non sans inquiétude, que les ressorts de la voiture s'étaient sensiblement aplatis ; néanmoins nous nous glissâmes péniblement à travers tous ces bibelots, prenant notre parti des postures anti-académiques qu'ils nous imposaient en songeant qu'elles seraient de peu de durée.

Notre gari traversa d'abord un square immense, puis déboucha sur le quai, longea une file interminable de vaisseaux, traversa un pont, enfila une suite de jardins, de champs, de terrains incultes, et arriva dans un village des environs. Comme nous avions les jambes à la hauteur du menton, nos crampes devenaient intolérables, mais le gari allait, allait toujours.

Après deux heures de cette marche titubante, étonnés

le voir que, loin d'approcher d'un port, les mâts des navires semblaient disparaître dans le lointain comme dans un rêve, nous commençâmes à craindre que notre *gari walla* ne se fût égaré. Nous étions en effet en pleine campagne, et il ne paraissait pas probable, même aux Indes, qu'un steamer fût allé se promener à pareille heure au milieu des champs d'indigo que nous traversions. Or, voici ce qui était arrivé : tandis que nous nous reposions pleinement sur notre cocher indigène, qui prétendait connaître très-bien l'endroit où nous allions, celui-ci s'était endormi sur son siége, et son cheval, maître de choisir la route, avait pris celle d'un village dont il avait, paraît-il, gardé le meilleur souvenir.

Bientôt le petit jour s'annonça à l'horizon par une légère teinte rosée, sur laquelle se détachaient en noir les palmiers de la forêt voisine. Cette perspective était pour nous aussi fâcheuse que poétique, car ce voyage au Bengale menaçait de nous faire manquer le départ du *Glen-Gyle*.

Cependant notre *gari walla* s'étant orienté, changea de direction, et après une nouvelle promenade, s'arrêta triomphalement devant un bateau immobile et silencieux : c'était le *Labourdonnais*, navire français, qui, ne devant partir que le mois suivant, s'était embossé dans le haut Hougly ! Notre intelligent cocher, voyant qu'il avait affaire à des Français s'était persuadé qu'ils ne pouvaient aller qu'au *Labourdonnais!*

La situation devenait navrante, et les ressorts du gari, baissant de plus en plus, nous faisaient craindre un accident qui nous plantait du coup en rase campagne.

Que faire? battre le *gari walla*, c'était le rejeter dans sa fatale impassibilité orientale. Nous préférâmes l'encourager et lui promettre un bakschich fantastique s'il activait un peu son allure et nous menait à bon port. Nous voilà donc de nouveau en route plus courbaturés que jamais, et à cinq heures du matin nous étions enfin de retour à Calcutta où nous trouvions le *Glen-Gyle* à quelques pas de notre hôtel. C'est ainsi qu'en ce monde, après s'être donné beaucoup de mal pour atteindre un but, on se retrouve souvent au même point qu'auparavant.

Il était temps d'arriver, car un instant après on leva l'ancre et le signal du départ se fit entendre. Nous suivions encore des yeux cette multitude bigarrée qui anime les quais de Calcutta, mais bientôt les porteurs indous se confondirent avec les coolis chinois, les nègres et les Européens, puis les dômes élevés de la ville disparurent à leur tour, et enfin Calcutta ne fut plus pour nous qu'en souvenir.

Toutefois, nous étions encore fort éloignés de la mer. Il nous fallut pendant plusieurs heures marcher doucement en descendant le dangereux Hougly. Rien de gracieux comme les bords de ce fleuve. Partout nous côtoyions de jolis jardins, d'épaisses forêts ou de pittoresques villages enchâssés dans des bosquets de bananiers. Tout cela nous apparaissait comme des tableaux de fantasmagories et s'effaçait rapidement.

O merveilleux pays de l'Inde, que je te voyais t'éloigner avec regret ! Certes, je me propose de te revoir un jour, mais qui sait ce que nous réserve l'avenir ! qui peut faire renaître le passé ! Ces palmiers penchés sur la rive, ces coteaux couverts de fleurs qui fuient devant moi, ne ressemblent-ils pas aux jours de la jeunesse qui brillent un instant, s'écoulent et disparaissent ; ceux-là ne reviendront plus !

Lorsque la nuit arriva, nous avions complètement perdu de vue les côtes et naviguions en plein golfe du

Bengale. Le beau temps qui nous favorisait, faisait espérer que l'on atteindrait Pénang en cinq jours; toutefois, cette traversée ne fut pas très-heureuse. L'exiguité du bateau ne nous avait pas permis de prendre de cabines séparées, de sorte que nous occupions une chambre à trois lits. Par malheur, le compagnon qu'on nous avait donné ne tarda pas à tomber malade, des rougeurs se montrèrent sur son visage et il me sembla qu'il était atteint de la petite-vérole. A défaut de docteurs, les doctes du bord décidèrent qu'il n'avait qu'une simple rougeole, et l'on ne jugea pas nécessaire de le faire changer de cabine. Or, ce que l'on devait craindre arriva; James éprouva bientôt les mêmes symptômes, la même maladie se développa et il souffrit cruellement pendant toute la traversée. Enfin, le 26, le *Glen-Gyle* ayant relâché à Pénang, le médecin de cette colonie anglaise lui déclara qu'il avait bel et bien la petite-vérole, et le fit interner dans une maison isolée, où il lui fut interdit de voir personne durant les quinze jours qu'il y passa. Ne pouvant dès lors, ni lui être utile, ni même l'approcher, je me décidai à aller l'attendre à Hong-Kong après l'avoir vivement recommandé au médecin qui se chargeait de lui.

Pénang est une petite ville, située dans l'île du Prince-de-Galles, par six degrés de latitude nord et quatre-vingt-dix-huit degrés de longitude est. Elle appartenait autrefois au royaume de Siam et est occupée par une population en partie indoue, chinoise et malaise.

La pagode bouddhiste est voisine du temple de Vischnou, et les idoles les plus bizarres y sont portées triomphalement dans les rues sans se faire de tort les unes aux autres; les brahmes, les bonzes et les sorciers paraissent y vivre en bonne intelligence, bannissant le fanatisme des pays éloignés dont ils représentent les croyances diverses.

La plupart des maisons sont construites en bois et n'ont qu'un étage, ce qui n'empêche pas la ville de présenter une animation extraordinaire. Les rues sont encombrées de tas d'oranges, de mangues, d'ananas, de cannes à sucre et de toutes sortes de fruits. On y voit des poissons aux formes extravagantes, qui vous barrent le passage, des chiens écorchés, pendus par la queue sur la devanture des bouchers, pour l'usage des colons du Céleste-Empire, de riches marchands chinois, des juifs aux longues barbes, des parsis, des nègres nus jouant de la mandoline sur le pas de leur porte, et de tous côtés, cet entrain, ce mouvement, cette gaieté, ce laisser-aller caractéristique et spécial aux pays chauds.

Les maisons, assez éloignées les unes des autres, sont souvent entourées d'arbres au feuillage éternel, mais les environs surtout sont remarquables par la plus riche végétation tropicale que j'aie encore vue aux Indes. Ce ne sont plus les profondes forêts vierges du Brésil; on n'y voit pas, comme sur les bords de l'Amazone, des arbres gigantesques couverts de lianes et d'orchidées, entassées les unes sur les autres depuis l'origine du monde; mais vous avez à profusion de gigantesques pandanus, des draconas roses, des fougères arborescentes, d'élégants aréquiers, et mille autres plantes dont le feuillage nous paraît aussi étrange qu'il est somptueux et artistique.

A quelques kilomètres de la côte, se trouve une cascade composée d'une série de chutes qui se dispersent à travers un amas de rochers; je la recommande aux personnes qui passeront à Pénang; elle est très-pittoresque et vaut bien l'excursion.

Bernardin de Saint-Pierre a dû la voir en songe lorsqu'il peignit les gracieux tableaux de son île enchantée.

Quant à moi, j'ai gardé de cette promenade un triste souvenir.

Le matin, en quittant le steamer, le ciel était voilé et a chaleur modérée, aussi, je m'empressai de délivrer ma tête de l'atroce et lourd *topi* qui l'avait garantie jusque-là, et d'arborer le simple chapeau rond. Or, le soleil ne tarda pas à percer les nuages, et me causa, par son extrême violence, une fièvre cérébrale dont je faillis mourir.

Étant rentré dans ma cabine, je fus obligé à mon tour de garder le lit, et je souffris des douleurs affreuses pendant les trente-six heures qu'il nous fallut pour aller de Pénang à Singapour.

Là, les passagers épouvantés, croyant que j'avais aussi la petite-vérole, consultèrent un soi-disant médecin inglais nommé *M. Rowell.*

Celui-ci, prévenu par le récit qu'on lui fit de notre Odyssée, et apercevant à force de recherches, quelques piqûres de moustiques sur mon visage, ne douta pas qu'elles ne fussent les marques évidentes de la maladie que *je devais avoir.*

Un médecin allemand, que je fis venir pour mon compte, ne reconnut en moi aucun des symptômes de la petite-vérole et affirma que Rowell se trompait, sur quoi celui-ci, ne voulant pas céder à un *dutchman,* s'emporta, et peu s'en fallut que chacun de ces deux savants ne m'ouvrit le corps pour prouver à son adversaire la nature de ma maladie ! Bref, Rowell fit si bien, que son opinion prévalut, de sorte que je fus obligé de quitter le *Glen-Gyle,* et de m'arrêter un mois à Singapour où je n'avais que faire.

Si je n'étais pas atteint de la maladie que l'on supposait, j'avais bel et bien une fièvre cérébrale qui m'affaiblissait au point de me rendre incapable d'aucune réclamation énergique. Je me laissai donc conduire dans un hôtel assez confortable, où j'espérais pouvoir me faire soigner tranquillement ; mais je comptais sans l'abominable Rowell qui ayant (ainsi que je l'ai su depuis) une haine mortelle contre les Français, me prit pour cible et ne cessa de me poursuivre de la manière la plus lâche et la plus cruelle. Ce misérable vint donc me réclamer dans l'hôtel où je m'étais réfugié, et effraya si bien les hôtes et le maître de l'établissement, en leur assurant que j'avais la petite-vérole, que celui-ci me supplia très poliment d'aller mourir ailleurs. Le savant docteur se présenta en même temps comme une image de la divine providence, pour m'offrir charitablement un refuge dans une maison située aux environs de la ville. Ne sachant encore à quel scélérat j'avais affaire et croyant, comme les autres, que j'étais atteint du mal dont il me gratifiait, je le suivis sans difficulté, prenant mon parti gaiement de ce séjour au lazaret ; il me semble même, dans un élan de reconnaissance, l'avoir embrassé pour le remercier d'un si rare dévouement.

Nous traversâmes comme de vieux amis, de charmants jardins, de longues allées bordées d'aloës et d'ananas sauvages, et nous arrivâmes..... à l'hôpital de la marine, atroce établissement où le service de garde-malade est fait par d'anciens forçats ! J'imagine que cet excellent Rowell, me croyant perdu, comptait me disséquer sous peu.

On m'installa d'abord dans une chambre déjà occupée par un soldat anglais, auquel on venait d'amputer les deux bras, et qui ne dissimula point sa mauvaise humeur en voyant qu'il lui faudrait partager son logement avec

moi. Du moins étais-je certain de ne pas être boxé,
quand même l'envie lui en prendrait ! Aussi bien, il n'eut
pas à se plaindre de moi, car je lui rendis mille petits
services que son infirmité nécessitait.

J'avoue même que j'eus un instant de sérieuses inquié-
tudes à ce sujet......; mais par bonheur on le retira de là
avant que ses exigences ne fussent devenues trop désa-
gréables.

Resté seul dans cette chambre nue, je passais toutes
mes journées étendu sur une natte, dans un état de pro-
stration complète. De traitement point, si ce n'est une
détestable et repoussante nourriture. Je m'affaiblissais
ainsi de jour en jour, lorsqu'après deux semaines de ce
régime, je reçus la visite de M. Troplong, neveu de l'an-
cien président du Sénat et consul de France à Singapour.
Ayant entendu dire, par hasard, qu'il y avait un Français
à l'hôpital des matelots anglais, il venait prendre des in-
formations sur son compte, et fut fort surpris d'appren-
dre les mauvais procédés dont j'avais été victime.

J'ai dit combien j'avais eu à me louer de l'hospitalité
princière des Anglais auxquels j'étais recommandé dans
l'Inde ; toutefois, ne devant pas m'arrêter à Singapour, je
ne m'étais muni d'aucune lettre pour cette localité, dès
lors j'aurais pu y mourir comme un chien, sans qu'un
seul Anglais remuât le petit doigt pour me secourir.

M. Troplong, au contraire, connaissant à peine mon
nom, vint à moi, entraîné par sa seule générosité et dé-
cidé à faire tout ce qui dépendrait de lui pour un compa-
triote malheureux.

Il est bon de savoir que dans les pays les plus éloignés
de la terre, nous avons des hommes qui soutiennent non-
seulement les intérêts de leur gouvernement, mais repré-

sentent aussi la France par le cœur, la charité et le dé-
vouement.

Notre excellent consul fut d'abord fort étonné de cons-
tater que je n'avais aucune trace de la maladie qu'on
m'imputait; il s'enquit de ce qui était arrivé et comprit
tout, dès que le nom de Rowell fut prononcé. Aussitôt, il
me fit monter dans son *câb* et m'emmena chez lui, à la
barbe des infirmiers, ou plutôt des geôliers qui voulaient
me retenir de force.

Ceux-ci tenaient d'autant plus à me garder à l'hôpital
que j'y payais *vingt francs par jour* des soins qu'on
ne me donnait pas.

Le Consulat de France à Singapour, est un bel hôtel
placé au bord de la mer et renfermant de vastes apparte-
ments. Le service y est fait par une vingtaine de domes-
tiques chinois et malais, qui rachètent leur ignorance des
usages européens par une extrême bonne volonté et une
fidélité inébranlable, lorsqu'on ne les traite pas en bêtes
de somme. Toutefois, il ne serait pas possible d'en dimi-
nuer le nombre, car, aux Indes, un ménage honnête ne
saurait subsister à moins de vingt serviteurs; c'est là un
axiome indiscutable.

M. Troplong m'installa dans cette habitation et voulut
que je fusse comme dans ma famille. — Je ne saurais
assez répéter combien je lui dois de reconnaissance, ainsi
qu'à sa charmante femme, ravissante créole de Batavia.
Pendant quinze jours ils me soignèrent sans cesse, épiant
mon réveil, allant au-devant de tous mes désirs et me
prodiguant tous les soins imaginables. Sans eux, je se-
rais certainement mort, malgré le savant et charitable
docteur Rowell. Je ne veux de mal à personne, mais
la conduite de cet homme a été si lâche et si infâme, que
je l'avoue, j'ai appris avec plaisir le tort que le bruit de

ette aventure lui avait fait dans la société du pays. Il
aut cependant reconnaître qu'il a opéré une cure mer-
eilleuse, puisqu'il a guéri une fièvre cérébrale en soi-
nant une petite-vérole !

Les chaleurs sont telles à Singapour, qu'il est impos-
ible de sortir avant le coucher du soleil. Je passais donc
les journées étendu dans un hamac, sous la varandah du
onsulat, tout en fumant et causant avec mon aimable
hâtelaine. Puis le soir, nous faisions tous ensemble de
ongues promenades en voiture au clair de lune, parmi les
élicieux bois des environs. Rarement nous nous diri-
ions du côté de la ville qui, essentiellement mixte,
'offre rien de bien original, pour un voyageur qui vient
e l'Inde et va en Chine.

Singapour, placé au fond d'une superbe baie, est une
ille très-populeuse et très-commerçante, bien que d'ori-
ine toute récente.

Elle se divise en plusieurs quartiers bien distincts ;
un est habité exclusivement par des Malais, un autre
ar des Chinois, un troisième par des Indous ; enfin le
lus beau appartient aux Européens, presque tous An-
lais. Les dollars résonnent de tous côtés, mais la ville
'en paraît pas plus riche pour cela, et, si j'excepte les
rands établissements européens, on n'y voit guère que
es bouges d'une malpropreté repoussante.

Une chose remarquable est la prodigieuse habileté des
hinois en matière de comptabilité. Chez tous les ban-
uiers, de même que dans toutes les grandes maisons de
ommerce, ce sont les fils du Céleste-Empire qui rem-
lissent les fonctions de commis, de caissiers, de gar-
ons de recettes, etc. Nul ne compte plus rapidement un
illier de dollars en argent, sans jamais se tromper, et
e sépare les pièces fausses avec un coup d'œil plus sûr.

Les Malais sont employés de préférence aux travaux du port, à cause du bon marché de leur main-d'œuvre. Petits, maigres, chétifs, ils ont de longs cheveux plaqués sur les tempes, l'air idiot et une laideur qui fait rêver. De tous les hommes que j'ai vus dans mes voyages, ce sont assurément ceux qui se rapprochent le plus du singe. Enfin, au point de vue de l'intelligence, je les crois très-inférieurs aux nègres de la côte d'Afrique.

Mais, s'ils ne sont pas très-industrieux, ils sont généralement très-doux, c'est leur seule qualité, — lorsque toutefois la jalousie ne leur donne pas une sorte de furie, appelée *humoc*, qui les portent à tuer d'abord leur femme, et ensuite tous ceux qui tombent sous leurs mains. Il paraît qu'à Sumatra il n'est pas rare d'en voir qui, animés par cette sorte de folie, se précipitent à travers les rues, un *criss* à la main, et cherchent à poignarder tous ceux qui se rencontrent sur leur passage. Lorsqu'un cas d'*humoc* se présente, on frappe le *gong* d'une façon particulière, la population s'attroupe, traque et tue l'assassin comme une bête fauve. M. Troplong nous a dit qu'il avait été témoin, à Singapour même, du triste spectacle qu'offre cette frénésie féroce.

Les Malais et les Annamites se vendent en moyenne cinq dollars dans leur pays, et deviennent l'objet d'un commerce régulier de la part de certains traitants qui fréquentent ces parages.

Quant aux Chinois, ils inondent toute l'Indo-Chine et surtout les colonies anglaises, parce que leur travail y est beaucoup mieux rétribué que chez eux ; mais aussitôt qu'ils ont amassé un petit capital, ils s'empressent de retourner en Chine. Parmi eux se trouvent aussi un grand nombre de coolis, qui ont vendu eux-mêmes leur liberté pour un certain nombre d'années.

Les quais de Singapour sont envahis par une foule de petits marchands qui vendent toutes sortes de produits du pays. On y remarque surtout des tas immenses d'ananas, d'un beau jaune doré, qui se vendent en moyenne trois sous pièce. Ces ananas ne ressemblent en rien à ceux que nous mangeons à Paris ; leur chair juteuse et parfumée, est aussi fondante que la pulpe des fraises : c'est réellement le plus sain et le meilleur des fruits.

On achète pour quelques *païces* de ces joncs de toutes nuances dont on fait des cannes en Europe, et que l'on y revend dix, vingt, cinquante et jusqu'à cent francs chaque. Je crois que l'on pourrait aisément gagner le prix d'un voyage autour du monde en achetant d'une manière intelligente un millier de cannes à Singapour.

Cependant, j'eus le plaisir de recevoir de bonnes nouvelles de mon beau-frère, et bientôt je le vis arriver, frais et dispos, avec son entrain et sa gaieté habituels. M. Troplong l'installa chez lui, et, le lendemain, nous partîmes tous ensemble de grand matin pour faire une excursion à *Bouquitama*. Plusieurs voitures furent attelées, et trois heures de marche sur une route bordée de manguiers et de cocotiers, nous conduisirent à un petit village isolé au milieu d'une forêt splendide : c'est une mission nouvelle, fruit du travail et du dévouement du révérend père Périer. Nous visitâmes avec beaucoup d'intérêt la petite église de bois qu'il a construite lui-même, et nous assistâmes à l'office où une centaine de néophytes psalmodiaient en chinois des cantiques de David.

Ces braves gens montraient un recueillement exemplaire ; malheureusement, s'ils chantaient de tout cœur, ils chantaient aussi beaucoup du nez, de sorte qu'il ne nous fallut rien moins que la gravité de la circonstance pour garder notre sérieux.

La forêt environnante est fort belle, mais n'approche pas non plus de celles qui couvrent le bassin de l'Amazone. Elle renferme, dit-on, une quantité de tigres, et il arrive fréquemment qu'un promeneur attardé devient la proie de l'un de ces animaux.

Le père Périer nous a raconté qu'un soir un missionnaire s'étant trouvé face à face avec un tigre, et n'ayant aucune arme pour se défendre, s'avisa d'ouvrir subitement son parapluie rouge. Or, ce développement phénoménal de la personne du Révérend Père, épouvanta tellement son adversaire, qu'il s'enfuit aussitôt, croyant avoir affaire à un effroyable dragon.

On nous a montré en plusieurs endroits des fosses profondes armées de piques et habilement recouvertes de feuilles mortes. — Ce sont des piéges au moyen desquels on attrape toutes sortes de bêtes féroces.

Cependant, comme le jour baissait, et que nous n'avions emporté ni fusils ni parapluies, on nous assura qu'il serait prudent de nous en retourner, car après le coucher du soleil, toutes les bonnes petites créatures du bon Dieu que Noé a pris soin de nous conserver, se donnent libre carrière, et tigres, lions, serpents, chacals, surgissent de toutes parts.

Cette excursion termina notre séjour à Singapour. Grâce aux bons soins dont j'avais été entouré au Consulat, mes forces étaient complétement revenues, et nous pûmes profiter du *Donnaï*, bâtiment des messageries impériales, qui partait le 24 février pour la Cochinchine.

Suivant l'usage antique et solennel, nous eûmes dans le

golfe de Siam une mer affreuse, mais on nous avait fait
un tel tableau de cette navigation, que nous la trouvâmes
relativement calme, nous estimant trop heureux de ne
pas faire naufrage.

Toutefois, je ne pouvais me consoler, en songeant que
j'avais à Paris un bon appartement, bien installé, et que
j'étais venu me mettre dans cette galère-là... pour mon
grément !

Après cinq jours de tangage et de culbutes, nous arri-
âmes à l'embouchure du Cambodge. A quelques lieues
de la mer, ce fleuve se réunit à diverses petites rivières
et forme un immense delta, sillonné par un enchevêtre-
ment inextricable de bras qui n'ont qu'une faible profon-
deur. De plus, les palétuviers dont les racines s'en-
combent les unes les autres, atteignent souvent jusqu'au
thalweg du fleuve. Enfin, en plusieurs endroits, le canal
est si étroit et la tourmente si rapide, que le beaupré du
navire entre dans les arbres de la rive, ou barre complé-
tement le passage. Ce n'est donc qu'avec un excellent
pilote que l'on s'aventure à travers les écueils de ce dan-
gereux dédale.

On remonte généralement jusqu'à Saïgon en trois ou
quatre heures d'une marche lente; mais au moment de
notre arrivée, les eaux étaient exceptionnellement bas-
ses, et malgré une infinité de sondages et de tâtonne-
ments, le *Donnaï* échoua sur un banc de sable. On fit
machine en arrière, on attacha des cordes aux rivages,
rien n'y fit. Il fallut attendre la marée haute pour nous
remettre à flot; sans cet auxiliaire, notre bâtiment était
perdu. Lorsque nous arrivâmes dans la rade de Saïgon,
il était une heure avancée de la nuit et les lumières des
maisons qui garnissent le port, brillaient tout autour de
nous comme des lucioles au milieu d'une forêt,

La Cochinchine, dont la possession est due à l'active initiative de M. le marquis de Chasseloup, est de toutes nos colonies, celle qui paraît destinée au plus bel avenir, — si toutefois nous sommes capables de faire prospérer une colonie !

Son étendue, déjà très-considérable, est susceptible de s'augmenter encore vers les provinces voisines de l'immense empire d'Annam.

La terre qui la recouvre, composée d'un humus de plusieurs mètres de profondeur, est d'une grande richesse et ne nécessite aucune culture. Elle produit les meilleurs fruits des régions tropicales, les mangues, les bananes, les ananas, les cannes à sucre, les goyaves, le riz, le thé, le maïs, l'indigo, l'areck et toutes les épices imaginables. Ses forêts renferment mille bois précieux, tels que l'aquila, le calambac, le santal, l'ébène, et plusieurs autres très-recherchés pour la construction des navires.

Enfin, parmi les arbustes, je citerai : les bambous et les cocotiers, qui offrent tant de ressources aux indigènes, et surtout les mûriers qui, se produisant presque spontanément, permettent aux vers à soie de se multiplier à l'infini. Aussi récolte-t-on les cocons en Cochinchine comme les pommes en Normandie, et la soie devient-elle l'objet d'une exportation considérable vers la Chine, le Japon et l'Europe.

Les Annamites, d'un naturel très-doux, loin d'avoir les préjugés et le fanatisme des habitants de l'Inde anglaise, se convertissent volontiers au christianisme. Enfin ils sont fiers de leur nouvelle nationalité. Ainsi, lorsqu'on leur demande s'ils sont Chinois, Malais, Indiens ou Cochinchinois ? Ils répondent invariablement : « Moi, Français ! »

Tandis que le drapeau anglais flottait à Singapour et à

Hong-Kong ; que les Espagnols possédaient les îles Philippines et les Hollandais Java, nous n'avions aucun port dans les mers de Chine ! On conçoit donc de quelle importance est pour nous un point aussi central que la Cochinchine, et cela explique la merveilleuse rapidité avec laquelle cette colonie s'est développée.

Saïgon est non-seulement un point stratégique de la plus grande importance, et un endroit où nos marins peuvent se faire radouber et s'approvisionner, mais encore une jolie petite ville, offrant une grande variété de ressources.

Toutefois, les maisons construites presque toutes sous la direction de petits commerçants français, n'ont pas grand cachet ; il faut aller à Chollen, ville indigène, située à quelques lieues de là, pour trouver un peu de couleur locale.

Le lendemain de notre arrivée, nous prîmes donc un *gari* qui, clopin-clopant, nous conduisit à Chollen en une heure et demie. Cette petite ville est habitée presque exclusivement par des Chinois, et renferme plusieurs pagodes bouddhistes d'une grande richesse, mais je n'en parle que pour mémoire, car celles que j'ai vues depuis, en Chine et au Japon, sont beaucoup plus remarquables et j'aurai à les décrire plus loin.

Cependant l'amiral Ohier, commandant de la Cochinchine, avait eu la bonté de nous inviter à déjeuner, et n'ayant que juste le temps nécessaire pour arriver à sa résidence, il fallut nous arracher aux parfums qui brûlaient devant les idoles de Bouddha, pour nous renfermer à la hâte dans notre affreux gari. Par malheur, au milieu du chemin, une roue se casse, et la voiture dégringole sur un talus qui se trouvait là tout exprès pour amortir le choc : nous en sommes quittes pour de légères contusions. Notre seule inquiétude est la crainte d'arriver en retard. Impossible de trouver personne pour nous aider ; que faire ?

Enfin le dégât pouvait se réparer, nous replaçons la roue dans son moyeu, et improvisons une cheville à la grande admiration du *gari walla* qui nous croit sorciers, tant et si bien qu'à l'heure fixée, nous faisons notre entrée chez le gouverneur.

Dire le déjeuner qui nous fut offert, autant décrire un festin de Gargantua préparé par Brillat-Savarin. J'avoue que la maigre chair qu'on nous avait fait faire dans la mer de Chine nous avait tellement ouvert l'appétit, que nous avons pantagrualisé avec beaucoup d'entrain. Je crois qu'en mettant à réquisition tout Calcutta, on ne serait pas parvenu à y servir un repas aussi somptueux ; ce qui fait grand honneur aux ressources de Saïgon.

Le soir, nous eûmes le plaisir d'assister à l'un des bals que le gouverneur donne toutes les semaines, et où se réunissent les femmes un peu présentables de la colonie. On voit là des toilettes surprenantes et des figures..... fantastiques.

En somme, cette soirée nous a fort divertis, et nous avons particulièrement gardé un excellent souvenir du gracieux accueil de l'amiral Ohier.

Nous quittâmes l'hôtel du gouvernement au milieu de la nuit, pour rejoindre notre bateau qui ne tarda pas à lever l'ancre et, après cinq jours de navigation, nous arrivâmes en rade de Hong-Kong.

CHAPITRE XVII

L'île de Hong-Kong, encore déserte il y a quelques
années, apparaît sous la forme d'un immense rocher sur
lequel les Anglais ont construit la ville de Hong-Kong.
C'est là le point de ralliement de leur marine et de leur
commerce dans les mers de l'extrême Orient. On est
heureux d'y retrouver tout le confort de nos grandes
villes, lequel devient aussi nécessaire qu'agréable lorsque
l'on voyage en un pays lointain.

Il y a, notamment, un hôtel splendide, appelé Hong-

Kong-Hôtel, qui ne le cède en rien, par la grandeur des constructions et l'aménagement intérieur, à ceux de Paris ou de Londres. Les voyageurs y payent vin gt-deux francs par jour, tout compris.

Hong-Kong est une ville tout à fait européenne et qui n'a rien de chinois. A la vérité, un grand nombre de coolis, de petits marchands et de voleurs du Céleste-Empire, qui ne pouvaient pas vivre dans leur pays, ont trouvé le moyen de se soustraire à la police des mandarins et sont venus s'y réfugier, mais, bien qu'ils aient formé un quartier spécial, espèce de bazar greffé sur la ville anglaise, ils n'y sont qu'en passant, et ce n'est pas là qu'il faut étudier la Chine. La plupart de ces Chinois exploitent les Anglais de leur mieux, et seraient dangereux si la police ne se montrait à leur égard d'une vigilance et d'une sévérité excessives. Aussi, l'un des principaux bâtiments de la ville est-il une prison monumentale, admirablement bien aménagée. Il paraît même que les Chinois y sont si bien traités, qu'ils font des bassesses pour s'y faire admettre et ne veulent plus ensuite retourner chez eux, ce qui m'a rappelé l'établissement du même genre que j'avais visité près d'Agra.

Hong-Kong possède une foule de riches commerçants, qui remuent les millions de piastres à la pelle et lancent chaque jour à travers le monde des vaisseaux chargés de soie, d'opium et de porcelaine. Il en est qui ont à leur solde des flottes entières, parfaitement armées, afin de pouvoir se défendre contre les pirates chinois.

Il est des gens qui affectent le plus profond dédain pour ces hommes, par cela seul qu'ils s'occupent de commerce, mais, tandis que ceux-ci se promènent en bâillant et sont fiers de jouer le soir quelques louis sur un tapis vert, les autres, actifs, industrieux, jouent, eux, des fortunes entières, mais d'une manière intelligente, et leur tapis vert est l'Océan. Quelle vie plus belle et mieux remplie que celle de ces grands commerçants, qui *remuent* les hommes et les choses, et savent à la fois enrichir leur famille et leur pays !

La plupart d'entre eux, après l'expédition des affaires, se réunissent le soir au club ou rentrent dans leurs demeures, véritables palais disposés avec un luxe dont on ne se doute pas à Calcutta.

La Chine étant un des pays les plus éloignés de l'Europe, les habitants sont amenés à s'y constituer un nouvel *home* et se plaisent à l'entourer de tout le *confort* possible.

Nous avons vu des hôtels entièrement revêtus de boiseries sculptées d'un travail exquis, remplis de porcelaines dont les moindres valaient mille piastres et d'objets d'art de toute sorte venus de la Chine, du Japon et de l'Europe.

Les Gibbs, les Jardin, les Heards et autres notabilités de Hong-Kong, nous ont offert, dans ces royales demeures, des dîners dignes de Lucullus, avec les vins les plus exquis.

Mais le plus merveilleux repas que nous ayons fait dans tout notre voyage, c'est incontestablement chez sir H. Mac Donnel, gouverneur de Hong-Kong. Je n'ai jamais rien mangé d'aussi recherché et d'aussi délicat depuis les fantastiques dîners que donnait autrefois le marquis de B..., alors ambassadeur de Sardaigne à Paris. J'insiste avec intention sur ces détails, parce qu'une foule de personnes se figurent que l'on ne vit en Chine, que de chiens, de rats et de nids d'hirondelles.

Après nous être ainsi refait le tempérament pendant

quelques jours, nous prîmes un matin le bateau à vapeur
qui dessert Hong-Kong et Canton, et en sept heures de tra-
versée, nous arrivâmes dans cette fameuse capitale du
Kouang-Toug. L'absence de quai oblige le steamer à s'ar-
rêter au milieu de la rivière ; là, il est immédiatement en-
touré d'une centaine de jonques dans lesquelles les
voyageurs descendent comme ils peuvent en s'accro-
chant à des cordes. On ne prend soin que des marchan-
dises. Je rappelai mes plus savantes connaissances en
acrobatie, et je dégringolai lourdement dans une barque
qui nous emmena vers une maison du faubourg *d'O-nam*,
où le batelier assurait que nous pourrions nous loger.
Nous atteignîmes bien les murs noirs de cette maison,
mais ces murs se baignant dans la rivière, nous ne pou-
vions découvrir ni les uns ni les autres, comment il était
possible d'aborder. Enfin, un Chinois apparut à une pe-
tite fenêtre que j'avais d'abord prise pour un égout, et
en fit sortir une longue planche ; ce pont volant nous
permit d'entrer dans un affreux bouge, où l'on nous
donna deux alcôves d'une vertueuse simplicité.

Mais, comme nous n'avions pas l'intention de passer
nos journées dans ce logement, ni d'y donner des fêtes, et
que d'ailleurs c'était le seul endroit de Canton où l'on
daignât recevoir des Européens, il fallut bien nous en
contenter.

Dès que nous eûmes mis sous clef les quelques bagages
que nous avions emportés de Hong-Kong, nous commen-
çâmes nos promenades à travers la ville.

La rivière étant trop large pour que l'on ait pu y jeter
un pont ; on est obligé de la traverser dans de petites
jonques d'ailleurs fort bien aménagées. Celles-ci ressem-
blent un peu aux gondoles de Venise, mais la chambre
centrale y est plus grande et plus confortable. Lorsque

les bateliers ont des passagers, ils leur en laissent la jouis-
sance, se réservant les extrémités du bateau pour faire la
cuisine et ramer ; mais, habituellement, toute la famille
s'installe dans cette petite niche. Chacun y naît, y vit, y
dort, s'y marie et y meurt. Aussi, ce réduit est-il décoré
avec le plus grand soin. Des nattes bien blanches sont
étendues par terre et d'élégants treillis dorés entrelacés de
fleurs tapissent les cloisons. Enfin, dans le fond de cette
chambre, se dresse un petit autel avec une idole entourée
d'ornements de papier doré, et de parfums qui brûlent
sans cesse.

Parvenu de l'autre côté de la rivière, on traverse ra-
pidement sur des planches les parties marécageuses des
berges, et l'on arrive bientôt au centre du principal
quartier de la ville. De vigoureux coolis proposent à
l'envi leurs palanquins; mais si l'on veut bien voir les
choses, il faut aller à pied.

Canton est une ville d'un million d'habitants, aussi
riche que Paris, et renfermant tout ce que l'on peut rêver
de plus curieux et de plus intéressant; tout y est étrange,
bizarre et souvent de la plus grande magnificence. Il y
a là un mouvement, une couleur locale dont on ne peut
se faire une idée

Les rues n'ont qu'un mètre cinquante de large, aussi
n'y voit-on jamais de voitures.

Les boutiques s'annoncent de loin par des affiches en
gros caractères rouges ou noirs, dessinés sur des plan-
ches vertes ou dorées qui pendent verticalement le long
des murs. Ces enseignes sont très-commodes pour l'a-
cheteur, car on les voit de loin, et de plus elles font en
perspective l'effet d'une colonnade très-pittoresque.

Toutes les maisons sont garnies de superbes lanternes
qui oscillent au moindre vent; il en est de toutes formes

et de toutes couleurs ; le soir, c'est un spectacle fantasti-
que de les voir s'illuminer de tous côtés. Si elles éclai-
rent moins que le gaz, elles sont beaucoup plus pittores-
que et donnent à la ville l'aspect d'une fête perpétuelle.

Les boutiques, dépourvues de châssis vitrés, ouvrent
directement sur la rue. On y vend une foule de choses
qui attirent à la fois les regards de l'étranger. Tous les
produits de l'industrie chinoise étant faits à la main,
conservent quelque chose de l'individualité de l'ouvrier;
de là une originalité spéciale, un cachet que l'on cher-
cherait en vain chez nous, où tout se fait à la mécanique
et dans le même moule, comme nos costumes, nos
paroles, nos personnes, enfin notre vie tout entière.

La vue de toutes ces boutiques produit l'éblouisse-
ment d'un kaléidoscope; les couleurs les plus vives
frappent vos yeux, tout respire autour de vous, l'intelli-
gence, l'aisance, le travail, la vie.

Ici, l'on vend des milliers de bâtonnets jaunes et
dorés enveloppés de papier d'un rose vif, que l'on brûle
devant les idoles.

Là, c'est un marchand de parapluies en papier, aussi
imperméables, plus légers, plus solides et meilleurs
marché que les nôtres.

Plus loin, un fabricant de lanternes de verres aux for-
mes et aux couleurs les plus chatoyantes, les groupe artis-
tement à la vue des passants.

Des marchands de poissons conservent ces animaux
tout vivants dans des cuves.

Des bouchers suspendent des chiens par la queue.

De superbes soieries et des étoffes admirablement bro-
dées scintillent de tous côtés.

Voici un magasin renfermant toutes sortes de thés, disposés avec un soin respectueux dans de petits paquets aux couleurs éclatantes.

Là bas c'est une boutique d'éventails en bois de sandal orné de figures émaillées, ou en ivoire sculpté à jour.

Voici un marchand de cercueils, puis une immense maison entièrement remplie de vases magnifiques et de porcelaines du plus grand prix.

Des pyramides de mandarines dorées s'élèvent en cent endroits et remplissent l'air de leur délicieux arôme.

Dans une espèce de guérite, un homme armé de pinceaux et d'énormes bésicles rondes, est installe en face d'une coupe qui déborde d'encre de Chine : c'est un calligraphe public qui trace rapidement, sur du papier rose ou bleu d'élégants caractères que le vulgaire n'a pas eu le temps d'étudier.

Mais les étalages les plus intéressants sont ceux des revendeurs et marchands de curiosités. Ceux-ci entassent pêle-mêle les objets les plus disparates de formes et de valeurs. Ce sont des bois sculptés, des écrans de jaspe, des cuivres cloisonnés,. des porcelaines antiques valant jusqu'à huit et dix mille francs, des armes curieuses, des ivoires admirablement fouillés, des noyaux de pêche dans lesquels on a taillé tout un petit village et mille autres choses de ce genre.

Une particularité des boutiques chinoises, c'est que chacune d'elles, sans exception, possède deux petites chapelles appelées *djoss* ; l'une est à l'intérieur et l'autre en dehors sur le côté de la porte. Ces *djoss*, entretenus avec le plus grand soin, se composent généralement d'un Bouddha entouré de fleurs, de cierges, de bâtonnets d'encens et de diverses substances aromatiques. Comme ces bâtonnets brûlent perpétuellement devant chaque maison, il en résulte que la ville entière en est parfumée.

Mais pour donner une idée de Canton, il faudrait que je pusse peindre l'agitation qui règne sans cesse de tous côtés ; nulle part je n'ai vu une telle activité.

Le Chinois travaille sans trêve, et ne connaît ni heures, ni jours de repos.

On ne voit jamais un seul d'entre eux se reposer, même après le travail le plus laborieux.

Les rues sont remplies de gens courant à leurs affaires, les palanquins s'entre-croisent, des portefaix transportent sur de longs fléaux, des objets de toutes sortes et ressemblent à des balances ambulantes ; plusieurs s'en vont en hurlant des cris rauques, sous le vain prétexte d'attirer les pratiques ; puis, c'est un mandarin à globule rouge que l'on promène processionnellement dans une chaise dorée, précédée de ses porte-parasols et de quelques soldats qui lui font faire place au son du gong.

Ce mouvement est indescriptible et aussi dangereux que pittoresque. En effet, il faut en marchant, veiller constamment autour de soi et regarder de tous les côtés pour ne pas être renversé et écrasé du coup. Si le promeneur se laisse distraire une seconde en regardant quelque riche devanture, il reçoit aussitôt le timon d'un palanquin dans l'œil, le fléau d'un porteur dans le dos ; renverse une marmite de riz, ou tombe dans le vide ; car, outre les dangers qu'il doit éviter devant et derrière lui, il faut qu'il regarde à tout instant à terre, les rues étant barrées à chaque pas par des escaliers de cinq ou six marches, je ne sais dans quel traître but.

Les gens du peuple, à Canton, ont adopté un chapeau fort singulier et extrêmement pratique : c'est un panier rond et plat, de la grandeur d'une ombrelle, qu'ils renversent sur leur tête. Ce gigantesque appareil qui leur descend presque jusqu'aux épaules est fort léger et les

protège, suivant le cas, du soleil ou de la pluie, tout en
leur laissant la liberté de leurs mains.

Les costumes chinois, qui nous paraissent singuliers
au premier abord, sont cependant à la fois logiques, dé-
cents, pratiques, frais pendant l'été, chauds pendant
l'hiver et susceptibles des ornements les plus riches.
Presque tous sont en soie de couleur bleue foncée.

Les personnes impartiales ne peuvent s'empêcher
d'être frappées de la simplicité des robes des Chinoises.
En effet, elles ne portent pas de corsets qui les emprison-
nent, de ceintures qui les étouffent, de jupons qui traî-
nent dans la boue, enfin elles ne se décolletent jamais,
car elles trouvent cet usage fort inconvenant. Elles ont
une simple robe longue agraffée sur le côté, souvent en
soie et magnifiquement brodée, mais toujours propre,
commode, gracieuse puisqu'elle est naturelle, et, en tous
cas, parfaitement rationnelle.

Cependant ce costume fait rire les Européens !!! Il est
vraiment triste de voir à quel point nous sommes routi-
niers et attachés à nos petits usages quels qu'ils soient,
bons ou mauvais, surtout aux mauvais.

L'habillement des Chinois ressemble beaucoup à celui
des femmes; mais ils ont une tunique plus courte, por-
tent de grandes manches et de larges pantalons flot-
tants.

Il est très-facile à mettre, agréable à porter, et n'offre
aucun des inconvénients et des ridicules des vêtements
européens. A tout prendre, je crois qu'à ce sujet, les
Chinois pourraient nous rendre des points.

Ce qui étonne le plus, c'est la coiffure des habitants du
Céleste-Empire ; mais que doivent-ils penser en voyant
nos perruques poudrées, nos chapeaux tuyau de poële et
les habits extravagants dont nous sommes affublés.

Il est curieux de voir des jeunes filles rire aux éclats de la tresse des Chinois, alors qu'elles-mêmes en ont deux dont elles sont très-fières. Il me semble que nous avons tous *tant de tresses*, que nous serions assez mal venus de nous moquer de celles des autres.

Les familles chinoises s'assemblent, matin et soir, pour faire leurs prières en commun devant les djoss dont j'ai parlé plus haut, et qui sont pour eux comme les dieux pénates des Romains ; c'est ce qui fait qu'ils délaissent un peu leurs pagodes.

Il en est cependant d'assez riches ; de gigantesques lanternes de quatre à cinq mètres de haut, des banderolles de couleur et leurs larges toits souvent peints en vert les annoncent de loin.

Intérieurement, le peuple y est agenouillé sur des nattes devant des autels qui ressemblent beaucoup aux nôtres. L'idole principale, généralement un Bouddha, est ornée d'une auréole qui ressort sur un fond d'or et est entourée de fleurs artificielles, de cierges et de cassolettes.

Les murs des pagodes sont toujours revêtus de nombreuses inscriptions en lettres d'or, rappelant les principaux préceptes de morale. Enfin, la richesse du monument se traduit par la beauté des objets d'art qui s'y trouvent répandus comme au hasard ; ce sont de magnifiques porcelaines et des statues de bronze représentant des dragons, des lions et toutes sortes d'animaux fantastiques.

Un des temples les plus remarquables de Canton est celui que nous appelons improprement la pagode des cinq cents idoles. Cinq cents statues de bronze de sept à huit pieds de haut, élevées en l'honneur des principaux sages de la Chine, sont là rangées en ordre comme dans un musée. On voit donc que le mot d'idole, dans l'acception ridicule que nous lui attribuons, ne saurait donner

une idée juste de ces statues, qui sont absolument sem-
blables à celles de nos saints.

Les Chinois sont en grande partie bouddhistes, mais
d'une secte qui n'a presque plus rien de commun avec la
religion prêchée par le fondateur.

On s'étonne de voir des gens aussi intelligents que les
Chinois, suivre une religion si grossière, mais il paraît
qu'au fond, ils sont tous très-sceptiques, et ne croient
pas plus à l'importance des dogmes de leur pays qu'à
celle des dogmes des pays étrangers. Il en résulte qu'ils
ne s'inquiètent nullement des transformations de leur
bouddhisme, et laissent à ce sujet les bonzes se démêler
comme ils l'entendent avec la plus basse classe du
peuple. Quant aux mandarins et aux lettrés, ils suivent
tous la doctrine de Confucius, c'est-à-dire le déisme pur.

Le lendemain de notre arrivée, nous avons eu le plaisir
de faire la connaissance du baron de Trinqualye, consul
de France à Canton. Sa superbe habitation, entièrement
chinoise, est appelée le *Falança yamoûn.*

Une immense avenue conduit à divers pavillons jetés,
comme au hasard, au milieu d'un parc fantastique, avec
rochers artificiels, ponts de bambous, kiosques, laby-
rinthes, rocailles, surprises, arbres nains, portes circu-
laires, et tout ce que peut rêver une imagination extra-
orientale. Enfin, les meubles sont tous en bois sculpté
à jour de la façon la plus artistique, et les tentures en
riches soieries.

Nous allions souvent dîner au Falança yamoûn, et
cela nous consolait fort de la maigre chair que nous fai-
sions au bouge d'*O-nam.*

Un soir, nous étant attardés à faire de la musique,
l'heure de la fermeture des portes fut annoncée à coups
de gongs, et nous aurions eu maille à partir avec la

police chinoise en rentrant chez nous, sans un laisser-passer en blanc du vice-roi, que M. de Trinqualye nous donna. En effet, à peine nos palanquins avaient-ils traversé une rue, que nous trouvâmes le chemin barré par deux épaisses grilles de bois ; mais la présentation de notre papier jaune nous valut de nombreux *chin-chin* de la part du gardien, et il s'empressa de retirer ses verroux.

Il nous fallut traverser en tout quatorze portes semblables avant de pouvoir regagner notre domicile ; bien heureux de ne pas être arrêtés comme une foule de Chinois attardés qui, n'ayant pas notre talisman, restaient emprisonnés entre chaque paire de grilles, et y faisaient la plus triste figure en attendant que le lever du soleil vint les délivrer.

Cet usage a été imaginé afin de localiser les vols et d'empêcher les malfaiteurs de s'enfuir aisément d'un quartier à l'autre.

Si les Chinois sont laborieux, intelligents et industrieux, ils ont aussi de très-grands défauts ; ils sont notamment très joueurs, voleurs, cruels, enfin ce sont les gens les plus moqueurs que j'aie jamais vus, ce qui les rend essentiellement antipathiques. Lorsque nous nous promenions à travers les rues de Canton, une foule de Chinois se groupaient sur notre passage ; plusieurs allaient en toute hâte chercher leurs familles ou leurs amis, et ils riaient aux éclats en se montrant nos costumes et surtout ma moustache qui paraissait les amuser tout particulièrement. Si nous leur demandions notre chemin, ils ne manquaient jamais de nous lancer dans une fausse direction, trop heureux lorsqu'ils ne nous poursuivaient pas de l'épithète de *fane-kouaïe*, c'est-à-dire diables de barbares.

Le soir nous allions souvent passer quelques heures

ıns des *thsin-song sampan*, connus des Européens,
ıus le nom de bateaux à fleurs, espèces de cafés chan-
nts, où l'on se réunit pour prendre du thé et entendre
ı la musique.

Ces sortes de jonques, de la grandeur et de la forme
ı petites maisons flottantes, ont la pompe et la proue
ımesurément relevées ; enfin l'arrière s'ouvre par une
ande porte cintrée et vitrée.

Lorsque l'on est parvenu péniblement à gagner la ga-
rie intérieure, à l'aide de planches glissantes qui ser-
ınt de ponts trop suspendus, on pénètre dans un appar-
ment composé de deux salons richement décorés, qui
ımmuniquent entre eux par d'élégantes colonnettes
rses et des encadrements de bois sculptés et taillés à jour
ıns le goût chinois. Les murs sont garnis de treillages
ırés et le vitrage en verre de couleurs des fenêtres laisse
ıercevoir les charmantes lanternes placées au dehors.

De tous côtés se trouvent des statuettes, des tableaux
ıotesques et mille choses curieuses, le tout brillamment
ıuminé. Enfin, au centre on a placé une grande table de
arbre recouverte de théières, d'oranges, de tasses trans-
ırentes, de graines de citrouilles grillées, et de miroirs
ı métal auprès desquels figurent deux ou trois petites
ıîtes de porcelaine et de laque, dont nous ne pouvions
ıus expliquer l'usage.

Autour de cette table, il y avait le soir de notre visite
ıinze ou vingt jeunes femmes revêtues de belles ro-
ıs de satin bleu ou noir. La plupart se tenaient dans
ıe immobilité parfaite et ressemblaient à de vraies
ıtiches, ne remuant que pour ingurgiter de microscopi-
ıes tasses de thé ou croquer des graines de citrouilles.
L'une d'elles, cependant, avança un bras par un mou-
ment automatique, fixa son petit miroir sur un trépied

en face d'elle, ouvrit une boîte de laque, en tira un élégant pinceau, le trempa dans une autre boîte, puis se barbouilla tout le visage de blanc, mit du rouge sur ses lèvres, du noir sur ses sourcils, enfin se farda publiquement sans plus de vergogne qu'une Parisienne dans son cabinet de toilette ! Ensuite sa voisine et toutes les autres en firent autant.

Les femmes d'origine chinoise avaient les cheveux arrangés avec le plus grand soin et collés de chaque côté avec de la gomme, de telle façon que leurs coiffures ressemblaient à des papillons aux ailes déployées. Les femmes d'origine tartare, au contraire, se reconnaissaient à leur longue tresse qui s'allongeait sur leur dos comme celle des hommes.

Bientôt une douzaine de musiciens arrivèrent et s'installèrent sur une ligne droite au fond du salon. Le premier tapait l'une contre l'autre d'immenses cymbales ; le second râclait un petit crin-crin d'une forme bizarre, et tirait de ses cordes métalliques des sons extrêmement élevés et encore plus désagréables. Le gong occupait naturellement la place d'honneur ; puis une fort jolie femme répétait continuellement le même accord sur une large guitare, qu'on entendait à peine ; une autre avait placé entre ses jambes un tambour de fonte, et faisait avec deux baguettes un bruit qui rappelait le quartier des chaudronniers de Gênes. Un énorme gaillard frappait à tour de bras deux morceaux de bois disposés en claquoir, et un petit homme grassouillet soufflait d'un air penché dans une interminable flûte, et semblait prendre à tâche d'imiter les plaintes d'une âme nervoso-mélancolique. Enfin, des chanteurs glapissaient à l'unisson à l'octave suraiguë de la façon la plus étrange.

Lorsque tous ces enragés jouaient ensemble, c'était une

cacophonie dont les orchestres de nos petits théâtres
pourraient seuls donner l'idée ; mais de temps en
temps ils semblaient saisis d'un remords de conscience,
e ralentissaient et alors la flûte seule gémissait.

J'ai recueilli quelques phrases de cette musique, les-
quelles ont un caractère assez original et forment le re-
rain de tous les airs chinois. :

Lorsque ces quatorze mesures ont été répétées une cinquantaine de fois, on fait entendre une douzaine de coups de gong et de cymbales, afin de rompre la monotonie, comme le font chez nous les accords de septième diminuées, ce qui permet de recommencer indéfiniment.

Cette musique agit puissamment sur les nerfs, aussi excita-t-elle tous les assistants et la scène se transforma complétement.

Les Chinois qui, jusque-là, fumaient en silence devinrent bientôt très-joyeux et exprimèrent leur gaieté en se faisant les uns aux autres toutes sortes de plaisanteries de leur façon : l'un attachait ensemble les tresses de deux voisins ; un autre prenait et cachait l'épingle où plutôt la fourche qui retenait les cheveux d'une femme, et autres facéties de ce genre.

Quant aux Chinoises, leurs yeux s'éclairaient petit à petit, et surexcitées par la circonstance, elles manifestaient leur bonne humeur par des phrases qui ne paraîtraient que médiocrement gracieuses à un Européen. Ainsi, par exemple : *Sané-Kétao* « coupez votre tête » prouve un véritable amour, et *Kat-Chak* « cancrelas » est un terme d'amitié qui ne se prodigue pas à tout le monde.

Quelques hommes, étendus sur des nattes, savouraient avec une sorte d'avidité sensuelle, l'ivresse que leur procurait l'opium.

D'autres allaient et venaient en disant mille niaiseries, se moquant de tout et de tous, car, je le répète, les Chinois sont les gens les plus moqueurs de l'univers.

Plusieurs jolies femmes nous offraient avec beaucoup de grâce des tasses de thé, et s'efforçaient de nous fourrer dans la bouche des quartiers d'orange ou des graines de citrouilles grillées.

Cependant les gens sérieux dégustaient dans la salle voisine un souper composé de :

Nids d'hirondelles. — Chenilles rôties. — Ailerons de requin. — Chien gras. — Vers sautés à l'huile de ricin. — Poissons crus. — Cigales grillées, et autres friandises dans le même goût, qu'ils mangeaient au moyen de leurs petites baguettes d'ivoire, le tout arrosé de vin d'agneau et d'eau-de-vie de mouton.

Il paraît qu'avec l'habitude on trouve ces plats exquis. D'ailleurs, les Chinois ont, en fait de cuisine, des prétentions dont nous ne nous doutons pas, et dépensent souvent des sommes immenses pour leurs repas.

Une particularité qui mérite d'être citée, c'est qu'ils ont poussé l'art culinaire jusqu'à employer des bois différents suivant ce qu'ils veulent faire cuire. Ainsi, ils ont remarqué que le feu produit par le bois d'acacia est éminemment favorable à la cuisson de la chair de porc, le bois de mûrier, souverain pour le poulet, et le bois de pins pour chauffer l'eau du thé.

« Les manières de faire les invitations et de se tenir à table, dit l'abbé Girard, dans son intéressant ouvrage sur la Chine, sont indiquées par des règles déterminées qui rappellent celles de notre civilité puérile et honnête. On commence par envoyer, quelques jours à l'avance, à la personne que l'on désire avoir, une carte de couleur cramoisie indiquant le jour et l'heure du festin, et par laquelle on la prie d'accorder l'illumination de sa présence, puis l'on renouvelle cette invitation par trois fois. »

« Quand vous traitez quelqu'un ou que vous mangez à sa table, lisons-nous dans un des livres classiques chinois, soyez attentif à toutes les bienséances ; gardez-vous bien de manger avec avidité, de boire à longs traits, de faire du bruit avec la bouche ou les dents, de ronger les os et de les jeter aux chiens ; de humer le bouillon qui reste, de témoigner l'envie que vous fait tel plat ou tel vin particulier ; de souffler le vin qui est trop chaud, de faire une nouvelle sauce aux mets qu'on vous a servis. Ne prenez que de petites bouchées, mâchez bien les viandes entre vos dents, et que votre bouche n'en soit point trop remplie... »

« Notons pour mémoire que la « civilité chinoise, » tout abondante qu'elle est en minutieuses prescriptions, pêche cependant par quelques graves omissions, en vertu desquelles, convives et amphitryons, se permettent certaines licences que prohibe au premier chef l'urbanité européenne. Non-seulement, en Chine, les gros éclats de rire sont tolérés à table, mais il n'est pas même malséant de les accompagner du bruit sonore et incivil que produisent, expulsées par la bouche, les vapeurs d'un estomac quelque peu surchargé. Selon les usages reçus parmi les Chinois, cette incongruité est prise pour un signe flatteur qu'on donne à son hôte d'un appétit satisfait. Cette coutume paraît aussi naturelle en Chine que peut l'être en Europe l'action de se moucher, d'éternuer ou de tousser. »

Pour en revenir à notre *thsin song sampan*, ce qui nous parut le plus curieux, ce furent les évolutions d'un certain Chinois qui est resté dans mon esprit comme la personnification de la lubricité. Ce gros homme avait la figure apoplectique, la lèvre inférieure charnue et frémissante ; enfin, chacun de ses mouvements trahissait un tressaillement des chairs. S'il apercevait quelque objet qui lui plût : une pomme, par exemple, il se précipitait sur elle avec une gloutonnerie féroce, et sans s'inquiéter des assistants, la regardait, la palpait et la humait avec délice, alors son œil grandissait, puis devenait sec et fixe ; on lui parlait, mais il n'entendait plus ; enfin tous ses membres se tordaient dans une horrible contorsion, et ses traits crispés lui donnaient l'air d'un démon. Le fait est qu'il paraissait nager dans un autre monde. Cependant, ce vieux paillard ne mangea pas la pomme, car elle ne devait servir que d'ornement ; sans doute encore trop verte, on la réservait pour je ne sais quelle autre occasion.

En nous retirant, nous voulions, comme de juste, payer notre écot, ou tout au moins notre consommation, mais on ne voulut rien accepter. Ce n'est pas certes, que l'on cherche à attirer les Européens, car ils sont très mal vus et discréditent, aux yeux des Chinois, les maisons de thé où ils se rendent souvent.

Bien que les habituées des bateaux à fleurs soient d'une vertu douteuse, et que les Chinois répètent sur leur compte mille anecdotes que je ne puis retracer ici, néanmoins elles se montrent d'une chasteté farouche à l'égard des Européens qu'elles considèrent comme des sauvages repoussants.

Telle femme qui accordera volontiers ses faveurs à un Chinois pour quelques *sapèques*, refusera un Européen, même s'il lui offre une somme considérable, de crainte de se déshonorer aux yeux de ses compatriotes ; à moins toutefois que la chose ne soit tenue parfaitement secrète.

En revanche, les jeunes filles s'achètent à leurs familles moyennant un prix qui varie généralement de cinquante à cinq cents dollars. — Il paraît que les femmes acquises de cette manière deviennent très-fidèles et très-dévouées lorsqu'on les traite avec un peu de ménagement. On dit même qu'il n'est pas rare de voir l'une d'elles rendre à son mari ou à son amant, l'argent qu'elle en a reçu, si celui-ci éprouve subitement des revers de fortune, et le servir pendant le reste de sa vie comme une esclave sans lui demander jamais la moindre rétribution.

En Chine, la polygamie est admise, mais la première femme a seule le rang d'épouse et commande sans discussion à toutes les autres.

Outre les *tsin-song sampan*, dont je viens de parler, il en est de spécialement réservés... aux canards. Ces animaux ne sont pas destinés à la consommation et l'usage qu'en font les lubriques Chinois est tellement ignoble qu'il m'est impossible d'en donner l'idée dans cet ouvrage.

Parmi les excursions que nous avons faites à Canton, je ne dois pas omettre notre visite aux prisons que nous avons pu voir en détail, grâce à sir H. Mac Donnel venu tout exprès de Hong-Kong et qui nous a permis de l'accompagner.

Dans une cour étroite et boueuse, plusieurs centaines de prisonniers, les fers aux pieds, grouillaient pêle-mêle, n'ayant pour tout refuge qu'un grabat d'une dégoûtante malpropreté.

Ces malheureux sont si mal traités, et nourris d'une manière si insuffisante, que presque tous contractent rapidement les maladies de peau les plus hideuses. J'en ai vu un notamment dont les chairs, en certains endroits rongées jusqu'aux os, s'étaient recouvertes d'écailles vertes de l'aspect le plus épouvantable.

Une bonne partie d'entre eux étaient condamnés à mort et attendaient leur exécution en jouant aux dés. Telle est, en effet, l'indifférence des Chinois pour la mort, qu'il nous était impossible de distinguer ceux qui avaient été condamnés à la peine capitale de ceux qui n'étaient en prison que pour quelques jours.

Non loin de cet établissement se trouve la pagode des supplices, où les parents de ceux qui sont sous le coup de quelque jugement, viennent brûler des milliers de *djoss sticks* en leur faveur.

Une vingtaine de chambres donnent sur l'ancien prétoire des supplices, dont elles sont séparées par de simples grilles. Dans chacune de ces chambres, on a représenté, au moyen de statues en bois peint, les principaux supplices usités autrefois en Chine, et dont on croit utile de perpétuer le souvenir dans le peuple. Ces figures, de grandeur naturelle, vues dans le demi-jour, ressortent avec une vérité effrayante.

On voit d'abord un homme que l'on étouffe dans une peau mouillée qui se resserre petit à petit.

Puis un patient que l'on scie entre deux planches.

Un autre est broyé lentement entre deux meules de moulin ; le sang coule dans une rigole, et des chiens viennent s'en abreuver.

Ici est une grande marmite pleine de plomb, que le bourreau fait fondre avec un amoureux plaisir.

Là, un pauvre diable est placé sous une grande cloche, qui descend lentement sur lui, et qui finira par l'écraser.

Cet autre vient d'être brûlé d'un côté, et on le laisse souffrir le plus longtemps possible avant de recommencer l'opération.

On voit par l'atrocité de ces tourments qui, malheureusement, ont été si souvent appliqués à des chrétiens innocents, que les Chinois ne le cèdent pas en cruautés aux féroces inquisiteurs de l'ancienne Europe.

Mais parmi les supplices ainsi représentés, s'en trouve un encore plus extraordinaire qu'épouvantable : c'est une femme cousue dans une peau de chèvre que le bourreau empale méthodiquement avec une longue verge de fer. Je vais tâcher de faire comprendre d'une manière décente la raison de cette étrange exécution; pour cela quelques périphrases me seront nécessaires.

Chacun se représente le type du beau artistique d'une manière différente; les uns admirent une Vénus aux formes molles et harmonieuses; d'autres préfèrent un bel Apollon ou un Hercule à la riche musculature; il en est qui admirent surtout les contours arrondis d'un petit enfant: les Chinois, eux, considèrent la chèvre comme l'idéal du beau.

Par suite, il arrive qu'une femme, désireuse de se rattacher un mari inconstant, se fait coudre dans une peau de chèvre et le surprend agréablement en se présentant à lui sous cette forme nouvelle.

Toutefois, la loi ne tolère pas plus cette espèce de bestialité que les juges ne permettaient chez les Israélites celle dont parle la Bible, et elle punit ce crime par le supplice que je viens de mentionner.

Les exécutions se font deux ou trois fois par semaine à Canton, et à chacune d'elles on coupe la tête à une trentaine de personnes. Le gouverneur de Hong-Kong, qui doit être bien informé, nous a dit que le vice-roi *Yé*, prédécesseur du chef actuel du Kouang-Tong, avait fait exécuter soixante-dix mille insurgés, pirates et autres bandits en quelques années. Aussi le bourreau de Canton se *vante-t-il* d'avoir, lui et ses aides, coupé la tête à cent mille personnes, et d'en avoir abattu quarante mille de sa propre main?

Ce fonctionnaire reçoit la valeur de neuf sous par tête, et garde en outre, comme bonne main, le sabre dont il s'est servi à chaque séance.

M. de Trenqualys nous a montré une lettre fort curieuse de ce *Yé*, si célèbre par ses exécutions et par sa politique d'exclusion vis-à-vis des Européens.

Les consuls de France et d'Angleterre avaient cru devoir, suivant les usages diplomatiques, avertir le vice-roi de Canton, en 1856, de la victoire remportée sur la Russie à Sébastopol; alors, celui-ci répondit par la lettre étrange, dont voici la traduction :

« Le grand mandarin Yé a l'honneur de faire savoir aux consuls de France et d'Angleterre que, lorsque les peuples de l'Occident se battent entre eux, le gouvernement du Céleste-Empire ignore jusqu'à l'existence de leurs querelles.

« YÉ. »

En quittant la pagode des supplices, nous avons traversé un quartier exclusivement occupé par des bijoutiers, qui vendent des objets de jade très-appréciés des Chinois, aussi cette pierre jaune, grise ou verte, qui n'a pas l'éclat de nos pierres précieuses de troisième ordre, atteint-t-elle en Chine un prix fabuleux.

Un peu plus loin, on nous a fait voir l'endroit ou chaque année les jeunes gens subissent leurs examens pour le grade de mandarin.

Huit mille cellules sont disposées les unes à côté des autres dans un vaste terrain isolé.

Les candidats y apportent leur nourriture et y sont enfermés pendant plusieurs jours sans pouvoir communiquer avec personne.

Les examens ont en Chine une importance énorme, car toutes les places, depuis celles de vice-roi jusqu'à celles de professeurs dans un village, s'obtiennent exclusivement par le mérite personnel.

L'abbé Girard dit à ce sujet « Malheur au prince de sang impérial dont les mérites réels ne justifieraient pas les priviléges que lui donne sa naissance ! D'un moment à l'autre il peut déchoir, descendre au rang du simple peuple, perdre tout titre, tout pouvoir, sans conserver même le droit de porter le moindre insigne honorifique de son premier rang ou de ses anciennes dignités. » Et plus loin : « La loi veut que les emplois publics soient accessibles à tous et qu'aucune capacité ne soit exclue, du moment qu'elle a été reconnue réelle et proclamée telle dans les examens publics et officiels établis pour le constater. Chacun est libre de subir les épreuves exigées; et il n'est pas rare de voir l'enfant du peuple arriver par cette voie aux fonctions les plus élevées, le fils du paysan devenir mandarin, et le fils du mandarin, en cas d'infériorité, devenir pâtre, s'il ne préfère, comme suprême ressource, s'engager à titre de simple soldat. Chacun peut donc, à la lettre, se faire en Chine le fils de ses œuvres et l'unique artisan de sa fortune. »

On voit donc que les Chinois ont réalisé, depuis des siècles, les idées démocratiques qui sont encore à l'état de rêve parmi les peuples européens.

D'ailleurs, il faut reconnaître que les Chinois nous ont devancés en tout, et que nous leur sommes redevables de presque toutes les découvertes scientifiques, morales et industrielles, dont nous profitons aujourd'hui.

Ils calculaient les éclipses et construisaient des sphères célestes plus de deux mille deux cents ans avant notre ère. Cinq cents ans avant Jésus-Christ, ils connaissaient l'imprimerie, les propriétés de l'électricité statique et celles de l'aiguille aimantée, ils organisaient une administration des postes dans tout l'empire, employaient les ponts suspendus, inventaient la poudre et fabriquaient les premiers canons ; ils luttaient contre les inondations par des travaux hydrauliques prodigieux et creusaient de magnifiques canaux dans toutes les directions.

Enfin, et surtout dès le dix-septième siècle avant notre ère, ils avaient déjà formé un code de lois d'une extrême sagesse et reconnaissaient des préceptes de morale admirables que plus tard *Lao-tseu* et *Confucius* n'ont fait que recueillir.

Il faut donc renoncer aux idées étroites qui nous portent constamment à voir l'univers dans notre petit cercle, et admirer sans arrière-pensée le plus grand empire qui fut jamais.

Je ne dois pas quitter Canton sans dire un mot de Monseigneur Guilmin, l'excellent évêque qui nous y représente, et qui, grâce au concours de l'œuvre de la Sainte-Enfance, élève une quantité considérable de néophytes, véritable pépinière d'amis de la France.

M. de Trenqualys et Monseigneur Guilmin ont obtenu du vice-roi actuel la concession d'une carrière de pierre et d'un vaste terrain, sur lequel une magnifique église commence à s'élever. Ce sera un très-beau spécimen de l'architecture gothique.

Nous passâmes ainsi une dizaine de jours à parcourir Canton, et ce ne furent pas les moins bien employés dans notre voyage.

De là, nous allâmes à Macao, l'une des plus anciennes villes de la Chine, et qui appartient depuis plusieurs siècles au Portugal. On n'y voit pas le mouvement de Hong-Kong ou de Canton, mais la ville est vaste, bien pavée, bien entretenue et en fort bon état. J'ai peu vu de colonies portugaises aussi florissantes.

On remarque dans le quartier exclusivement chinois,

un nombre incalculable de maisons de jeu. Les Chinois passent leur vie dans ces tripots, et veillent toute la nuit à la lueur d'une lampe fumeuse, vautrés sur une table verte pour jouer quelques sapèques.

Au premier moment, nous étions fort étonnés de les voir se servir de pièces microscopiques qui paraissaient avoir une valeur infinitésimale, mais on nous a expliqué que c'était des jetons d'une valeur conventionnelle et qu'ils employaient ce moyen pour éviter les vols.

Les Chinois sont tellement joueurs, qu'après avoir perdu leur fortune ils jouent leur maison, leurs femmes et jusqu'aux doigts de leurs mains qu'ils se coupent avec un stoïcisme digne d'une meilleure application.

Les habitants de Macao aiment passionnément la musique et il en est qui jouent très-agréablement d'une sorte de cithare appelée *yong-kum*, dont les cordes sont mises en vibration au moyen de deux petites baguettes. Ils en tirent des sons délicieux, et nous les écoutions avec un vrai plaisir lorsque nous les entendions à quelque fenêtre, en nous promenant le soir dans les rues les plus calmes de la ville.

Une seule journée nous a suffi pour voir Macao, et le 18 nous étions de retour à Hong-Kong.

Ce soir là, il y avait justement une représentation au théâtre chinois, et nous n'avons pas manqué d'en profiter.

La salle est carrée, très—vaste et disposée à peu près comme les nôtres, ou plutôt comme celle qu'avait Dupré il y a quelques années au boulevard Beaumarchais.

Les acteurs sont généralement revêtus de longues robes traînantes, suivant l'ancien usage du pays. Ceux qui jouent des rôles d'hommes s'attachent de grandes hardes mal rapportées afin qu'on puisse aisément les distinguer des jeunes gens qui jouent les rôles de femmes, car celles-ci ne figurent jamais sur la scène.

Les acteurs ont coutume de dire leurs rôles avec une voix de fausset tellement aigüe qu'elle rappelle le *youlement* des femmes arabes. Au premier moment, cela paraît d'un étrange qui frise le ridicule, mais on ne tarde pas à s'y faire. On comprend que par ce moyen, la voix porte à une grande distance et s'entend avec une netteté parfaite.

D'ailleurs les artistes chinois négligent complétement les accessoires, les décors, les costumes et l'art de la déclamation pour ne s'occuper que du fond.

Il paraît, en effet, d'après les comptes-rendus dramatiques de Pauthier, que les comédies chinoises sont fort remarquables, et cachent sous des plaisanteries grotesques et des fleurs littéraires, un grand fond de moralité et de philosophie. C'est ainsi qu'ils ont traité depuis des siècles tous les sujets qui ont illustré en Europe, Molière, les écoles italienne et espagnole.

CHAPITRE XVIII

Le 19 mars, nous nous sommes embarqués sur un steamer de la compagnie américaine en partance pour le Japon.

La traversée de Hong-Kong à Yokohama se fait habituellement en huit ou neuf jours, mais le mauvais temps et les vents contraires nous ont retenu onze jours en mer, et ce n'est que le 29 que nous sommes arrivés au terme de notre voyage.

Les eaux de la baie d'Yeddo étant très-peu profondes, les paquebots sont obligés de jeter l'ancre à peu près à un mille du rivage, de sorte que les jours où la mer n'est pas parfaitement calme le débarquement est un peu fantaisiste. Un *sampan* de pécheur nous conduisit cependant à bon port.

On sait que les Japonais, jaloux de leur isolement, ne permettent pas aux marins européens de relâcher à Yeddo, et n'ont accordé l'entrée du port de Yokohama que contraints par les menaces de la flotte anglo-française.

Pour assurer l'exécution des traités, les alliés ont été amenés à réclamer la concession d'une position militaire qui domine la ville, et dans laquelle ils entretiennent une garnison mixte.

Yokohama joue donc au Japon le même rôle que Hong-Kong en Chine. C'est une petite ville de construction toute récente, peuplée de commerçants européens, surtout allemands, et dont le quartier japonais, bien que considérable, n'est cependant que l'accessoire.

Il est bon d'observer, à ce sujet, que la population japonaise, qui augmente de jour en jour, grâce aux bénéfices considérables qu'elle réalise en trafiquant avec les étrangers, respecte cependant à tel point les lois du pays, qu'elle est toujours prête à plier bagage et à disparaître en une nuit sur un mot de ses chefs.

Lorsque les Japonais croient avoir à se plaindre des Européens, ils s'en vengent en faisant le vide autour d'eux.

Nous avons eu plusieurs fois l'occasion de constater par nous-mêmes, combien ils étaient disposés à se servir de cette arme diplomatique.

Le quartier des Européens est assez pittoresque, car ils ont eu le bon esprit d'adopter, dans la construction de leurs maisons, ce qu'il y avait de plus artistique et de plus pratique dans la forme extérieure des habitations japonaises, tout en disposant l'intérieur avec tout le confort désirable.

C'est à Yokohama que les membres du corps diploma-
tique ont établi leurs résidences, bien que le siége de leurs
légations soit officiellement à Yeddo.

Les Japonais n'ayant pu les empêcher légalement de
s'installer dans leur capitale, y parviennent cependant en
les assassinant systématiquement ou en brûlant leurs de-
meures.

A Yokohama, au contraire, les Européens sont en sû-
reté, grâce à la protection des forts; chaque jour des
vaisseaux leur apportent des nouvelles de l'Europe et ils
oublient leur exil en vivant au milieu de leurs compa-
triotes.

La plupart paraissent se faire une fête de recevoir les
étrangers. La légation française notamment, se distin-
guait par son hospitalité, grâce aux comtes de Monté-
bello, de Béarn, et Tascher qui tenaient tous les jours
table ouverte pour leurs nombreux amis.

J'ai eu aussi le plaisir de retrouver à Yokohama, la
comtesse de la Tour, dont le mari remplissait les fonctions
de ministre d'Italie. Sa parfaite connaissance de la langue
japonaise lui a permis d'étudier sérieusement le pays
qu'elle habite, de sorte que les fêtes auxquelles elle vou-
lait bien m'inviter devenaient, par sa conversation, aussi
instructives qu'agréables.

Le yamoun de Madame de la Tour est un modèle d'ha-
bitation européo-japonaise. La magnificence des apparte-
ments intérieurs, les salons de satin bleu, les objets
d'art qui s'y trouvent, rappellent les plus riches hôtels
de Paris. Au dehors, de charmantes lanternes de couleur
sont suspendues sous de larges auvents, les murs élé-
gamment treillissés et les toits recourbés en pointe; enfin
cette gracieuse demeure est comme enchâssée dans un

ravissant jardin rempli de camélias arborescents d'un effet merveilleux.

On sait que le Japon est le pays des camélias par excellence ; ces arbustes y prennent les dimensions de véritables arbres, et leurs fleurs sont sans exagération de la grandeur d'une couronne. Ces camélias croissent avec une telle profusion, que leurs pétales couvrent les allées comme d'une neige rose, toujours renaissante.

Après avoir passé quelques jours à Yokohama, nous entreprîmes le voyage de Yeddo. Depuis peu d'années seulement, les Européens sont admis à visiter cette capitale, aussi n'avons-nous pas manqué de profiter de cette latitude.

Pour y arriver sans encombre, il faut d'abord se munir d'un laissez-passer timbré de la chancellerie de sa légation, et contresigné par les autorités japonaises préposées à cet effet.

Après avoir rempli cette formalité, nous prîmes une petite voiture découverte qui devait nous conduire à Yeddo en quatre heures de marche. — Cette route qui longe constamment la mer, est charmante et très-pittoresque, mais ce qu'il y a de particulier, c'est qu'elle ne cesse pas d'être bordée de maisons dans toute son étendue.

Il semble que Yokohama et Yeddo ne forment qu'une seule ville de huit à dix lieues de long. Sur tout ce parcours, chaque objet était nouveau pour nous et attirait notre attention ; en revanche, les habitants sortaient tous de leurs maisons et nous regardaient avec un étonnement non moins indicible.

Au sortir de Yokohama, on traverse d'abord un joli village appelé Kanagawa, placé sur une colline difficile à gravir, mais très-pittoresque.

A moitié chemin, se trouve une petite ville appelée

Kawasaki, laquelle marque la limite du territoire où les Européens peuvent circuler librement. Pour traverser la rivière qui la baigne, il faut présenter son laissez-passer aux *yaconines* qui vous barrent le chemin, et à partir de là, on ne marche plus sans une escorte de ces officiers.

Les Japonais gratifient les étrangers de cette garde, sous prétexte de leur faire honneur et de les défendre contre les tentatives d'assassinats, mais leur véritable but est de les surveiller et de les empêcher de s'immiscer dans leurs affaires.

Un bac nous transporta rapidement d'un bord à l'autre de la rivière de Kawasaki, et nous continuâmes notre voyage, escortés par quatre yaconines à cheval, qui ne nous quittaient pas plus que notre ombre. Nous suivions ainsi la délicieuse baie d'Yeddo, toujours distraits par la variété du spectacle qui se déroulait devant nos yeux, et admirant dans le lointain le pic neigeux et isolé du célèbre *Fousi-Ama*.

Chemin faisant, nous étions parfois arrêtés par des groupes de jeunes filles, roses et fraîches qui, avec une grâce parfaite, venaient nous offrir du thé dans de petites tasses de porcelaine transparente, sans vouloir accepter aucune rémunération. — Quelquefois aussi nous descendions dans une maison de thé, afin de nous y reposer quelques instants; aussitôt on nous faisait étendre sur des nattes blanches, et l'on nous servait du *châ*, c'est-à-dire du thé, puis du *saki* chaud et de petites gaufres croquantes vraiment exquises. Pendant ce temps une vingtaine de femmes, de treize à dix-huit ans, nous entouraient, chantaient en s'accompagnant d'une sorte de guitare appelée *Sam-Sinn*, et cherchaient à nous égayer par mille enfantillages d'une naïveté charmante.

De loin en loin, nous rencontrions des *norimons*, légers palanquins hermétiquement fermés, dans lesquels on transportait des femmes de hautes conditions. Souvent en dépit des gardiens, elles s'efforçaient de regarder *les étrangers*, à travers les jalousies de leurs fenêtres.

Nous avons aussi rencontré un *daïmio* en voyage, spectacle assez curieux.

Ces grands seigneurs, dont la fortune et la position correspondent à celles de nos anciens ducs, ne se déplacent jamais sans emmener avec eux une partie de leur maison militaire, leurs femmes, leurs domestiques et une masse d'objets de toutes sortes. Aussi les voit-on de loin, montés sur des chevaux richement caparaçonnés. En avant, marche un détachement de lanciers, portant fièrement des drapeaux marqués aux armes de leur maître ; puis viennent les membres de la famille, tous à cheval, et ensuite les femmes enfermées dans des norimons de laque noire et or, une foule de serviteurs armés de parasols et d'éventails, puis l'interminable suite des bagages portés dans des boîtes noires également en laque et toutes d'égale grandeur.

Lorsque passe un de ces cortéges, les Japonais se prosternent profondément et restent dans cette attitude jusqu'à ce qu'il ait entièrement disparu.

Quant aux Européens, ils ont appris plusieurs fois, aux dépens de leur vie, ce qu'il en coûte de couper les rangs d'un si auguste déménagement. C'est une injure qui ne se pardonne pas.

Tout le monde se rappelle qu'au dix-septième siècle, lorsque nos missionnaires se trouvaient à l'apogée de leur crédit et même de leur puissance au Japon, un évêque portugais s'avisa de forcer avec son équipage les lignes d'un *daïmio*, et cet événement devint la cause de l'extermination des chrétiens dans tout le pays.

Après quatre heures de cette route accidentée, nous arrivâmes en face d'une espèce d'arc de triomphe dont les traverses recourbées vers le ciel étaient garnies de coins en or massif. C'est une des portes de Yeddo. Néanmoins, il nous fallut encore marcher une bonne heure avant d'arriver au seul hôtel où l'on reçoive des Européens.

Cet établissement, que l'on venait d'inaugurer et qui était encore presque inhabité, appartient à une Société d'actionnaires dans laquelle on a eu l'habileté de faire entrer un bon nombre de Japonais, ce qui est une excellente garantie contre les incendies.

Cet hôtel est très-vaste, admirablement situé au bord de la mer et entouré d'un superbe jardin. Le service y est fait par des indigènes pleins de politesse et de bonne volonté, mais très-mauvais cuisiniers ; on y trouve une quantité de chambres tapissées de nattes, de vraies chaises, de vrais lits et de véritables fenêtres avec carreaux de verres, toutes choses qui produisent un effet merveilleux sur les Japonais. Aussi, chaque jour en voit-on qui viennent par bandes, en partie de plaisir, réclamer la faveur de visiter les *todginnes*. Cette expression, dont les gamins saluent les Européens dans les rues, nous était d'abord fort désagréable, car nous supposions qu'elle était l'équivalent du *fan-kouaïe* des Chinois et signifiait : diables de barbares, mais nous avons appris depuis qu'elle voulait simplement dire : hommes de l'Occident.

La superficie de Yeddo est de quatre-vingt-cinq kilomètres carrés ; aussi cette ville est-elle la plus grande du monde, et Londres lui-même y danserait plus aisément qu'on ne le fait dans les bals de Paris.

En effet, la fréquence des tremblements de terre ne permet pas aux Japonais de construire des maisons à plusieurs étages, et ils sont obligés de leur donner par contre une grande étendue en superficie.

De plus, chaque famille, quelque pauvre qu'elle soit, occupe toujours une maison à elle seule, les Japonais ne pouvant s'expliquer que, chez nous, des gens qui ne se connaissent pas se décident à habiter des tiroirs placés les uns au-dessus des autres, quand il y a tant de place sous le soleil.

Les daïmios et les particuliers riches entourent leurs habitations de jardins et de dépendances souvent considérables. Enfin, des terrains immenses sont affectés aux palais qui servent de résidence au Taïcoun. Dans ces conditions, il faut une place énorme, même pour un nombre restreint d'habitants.

Or, comme, d'après les derniers recensements, la population de Yeddo est de trois millions d'âmes, on peut se faire une idée de l'étendue de cette ville, et l'on croira sans peine qu'aucune autre dans le monde entier ne peut lui être comparée sous ce rapport.

En vérité, je crois que Yeddo est plus grand que le Nippon tout entier !

Souvent, lorsque nous sortions à cheval ou en tilbury, pour visiter quelques monuments de la ville, on nous renseignait sur le chemin que nous devions suivre en nous disant : allez toujours tout droit pendant environ trois heures ; alors vous verrez une pagode de telle forme, vous ferez le tour de ses dépendances, vous passerez quatorze ponts, vous prendrez sur votre gauche et vous arriverez à une longue rue, au bout de laquelle tout le monde vous indiquera de suite votre route ! !

Dans ces expéditions, nous étions presque toujours escortés par des *yaconines*, qui nous faisaient respecter de la foule, et d'ailleurs nous allions trop vite pour en être incommodés; mais, quand nous nous promenions à pied dans les rues, une foule énorme nous suivait et grossissait constamment. Différents des Chinois, les Japonais ne se montraient ni hostiles ni moqueurs; ils se contentaient de nous regarder avec une scrupuleuse attention, et se tenaient toujours derrière nous. Leur nombre était parfois si grand qu'ils obstruaient complètement la rue, et souvent il nous aurait fallu attendre longtemps avant de pouvoir rebrousser chemin. Je crois que nous avons eu jusqu'à deux mille personnes à nos trousses. Au bout de quelques jours nous y étions habitués; mais nous n'avons jamais pu nous faire aux enfants qui souvent nous poursuivaient, touchaient nos vêtements, nous appelaient *totginnes* et nous passaient même entre les jambes pour mieux nous voir.

Un jour que j'étais obsédé par une multitude de ces petits importuns, j'eus recours à un moyen que je crus souverain pour m'en débarrasser. Je m'arrêtai devant une confiserie, en leur faisant comprendre que j'allais leur faire faire une distribution tout à fait de leur goût.

Or, au Japon les bonbons se font avec du sucre soufflé sur des fragments d'herbes aromatiques; il en résulte qu'ils sont très-légers et prennent une place énorme; pour un *tempo*, c'est-à-dire deux sous, une bergère Louis XV en remplirait son tablier. J'avais remarqué aussi que les confiseurs mettaient un temps interminable à réunir leurs sucreries, ayant l'habitude de les puiser dans une multitude de vases différents. En conséquence, je priai un de ces industriels de m'en vendre pour la somme fabuleuse de deux francs, lui enjoignant de les distribuer un à un à tous les enfants qui nous entouraient; puis aussitôt nous partîmes en avant, certains d'être abandonnés pour un appât si séduisant.

Hélas ! nôtre joie ne devait pas être de longue durée : mes petits espiègles publièrent partout ma générosité, de sorte qu'à partir de ce jour-là, nous n'avions qu'à mettre le pied dehors pour en avoir autour de nous trois fois plus qu'auparavant.

Les enfants japonais sont souvent ravissants. Autant les hommes sont laids, autant les petits garçons de sept à treize ans sont jolis. Leur peau est d'un blanc mat et uni, leur chevelure superbe; enfin leurs grands yeux noirs, vifs et intelligents leur donnent une physionomie pleine d'expression.

Les Japonais ne portent pas comme les Chinois de longues tresses sur le dos; ils se rasent le dessus de la tête et ramènent sur le front une mèche solidement gommée d'un effet fort étrange. — Le costume se compose d'un pantalon collant et d'une sorte de vareuse très-ample, resserrée par une ceinture et ornée de manches flottantes d'une largeur invraisemblable. Ils n'emploient généralement, pour leur habillement, que des couleurs foncées et marchent avec une gravité pleine de noblesse. Jamais personne n'a vu rire un Japonais ! — Enfin, je ne dois pas omettre l'éventail traditionnel et le parasol de papier huilé dont ils ne se séparent jamais.

Les femmes, elles, s'entortillent de la tête aux pieds dans un *kimono*, pelisse plus ou moins doublée, dont les revers sont rouges ou bleus, et qui est soutenue par une énorme ceinture de soie cramoisie ou de quelque autre couleur voyante.

Pour éviter la boue, elles marchent sur des espèces de *cap-cap* de huit à dix centimètres de haut qui ressemblent à de vraies échasses.

Pour ne pas tomber, elles sont obligées de se pencher en avant, ce qui donnerait à leurs bras une position

MOUZOUMÉS DE YEDDO

très-disgracieuse, si elles ne prenaient le soin de les retenir le long du corps en laissant pendre seulement les mains. On voit que cette attitude, qui paraît singulière sur un dessin, est cependant très-rationnelle, tandis que les Parisiennes, qui l'imitaient sans s'en douter il y a quelques années, étaient seules ridicules.

En aucun pays les femmes ne soignent autant leur coiffure qu'au Japon. Les femmes les plus pauvres, et même les filles que l'on rencontre dans les champs occupées aux travaux d'agriculture, sont coiffées avec plus de soins que nos grandes élégantes lorsqu'elles se rendent au bal. Assurément, elles ne portent ni plumes ni diamants, mais leur abondante chevelure noire est peignée avec un art infini et si bien fixée, que pas un cheveu ne dépasse l'autre. Le chignon, élégamment roulé, est placé très-haut, et enfin les pointes des mèches de devant sont réunies sous la forme de deux petits croissants solidement gommés, qui viennent mourir sur le front. Quelquefois aussi un beau camélia rouge, gracieusement posé, relève par son éclat ce petit échafaudage.

Je n'ai vu en aucune partie de l'Asie des femmes aussi jolies et aussi bien faites que les Japonaises. On croit généralement en Europe que les Indoues sont fort belles, parce que plusieurs poëtes ont chanté les charmes des bayadères sans les avoir vues ; mais en réalité, elles sont presque toutes maigres, noires et horribles. Je n'ai vu que deux femmes vraiment jolies dans toute l'Inde, tandis qu'au Japon l'on ne peut faire un pas sans en rencontrer qui seraient remarquées en tous pays.

A la vérité, leurs yeux sont un peu obliques, mais ils ne sont pas bridés comme ceux des Chinoises, et cette disposition, à laquelle nous ne sommes pas habitués, n'a rien de désagréable. Puis quelle fraîcheur, quel incarnat incomparable ! La bouche est extrêmement petite, la peau blanche et satinée ; enfin, le corps est moulé comme celui d'une Vénus.

D'ailleurs, il est facile de juger de leurs formes, cr chaque jour on peut voir à son aise des milliers de femmes entièrement nues.

En effet, les Japonais et surtout les Japonaises ont coutume de prendre *tous les jours* des bains, dans des établissements publics disposés à peu près comme les bains turcs. Dans chaque rue il s'en trouve au moins cinq ou six. Ils ne sont séparés du trottoir que par de simples grilles de bois qui permettent à la vapeur de sortir, de sorte que les promeneurs voient librement ce qui se passe à l'intérieur.

Or, les hommes, les femmes et les jeunes filles, au nombre d'une centaine, s'y baignent ensemble sans aucun costume, et personne ne paraît y attacher la moindre importance. Souvent même l'une des baigneuses vient jusque dans la rue et cause avec ses amis avant de s'être rhabillée.

De même que les Grecs, les Japonais trouvent qu'il y a de l'innocence à se laisser voir ainsi que Dieu vous a fait, et que la perversité des Européens y ajoute seule une idée déshonnête.

D'ailleurs, la pudeur est une vertu relative et non pas naturelle, car elle est différente suivant les pays. Les Japonais sont très-choqués en apprenant que les Européennes se décollètent en public ; celles-ci s'étonnent des usages japonais ; il est des Géorgiennes qui entortillent décemment leurs cheveux dans des toiles grossières, tandis que leurs jambes et leurs seins sont nus ; enfin, les femmes arabes, étendues au soleil, laissent voir au premier venu ce que les autres tiennent à cacher, pourvu que leur visage soit hermétiquement couvert.

Voici à ce sujet une anecdote assez curieuse, qui m'a été contée par M. de Siebold, secrétaire de la légation d'Angleterre au Japon. Comme il sait fort bien le japonais, il avait été chargé, il y a quelques années, d'accompagner le frère du Taïcoun dans son voyage en Europe. Chemin faisant, Son Altesse s'est arrêtée à Saïgon, et le gouverneur n'a pas manqué de lui donner un bal, auquel naturellement les dames sont venues décolletées. Or, le jeune prince, fort étonné d'un pareil usage, crut qu'on lui manquait de respect et en exprima son mécontentement à son interprète. Mais celui-ci eut la présence d'esprit de lui répondre : « C'est pour faire honneur à Votre Altesse que ces dames se sont costumées de la sorte, car plus les soirées sont cérémonieuses, plus elles doivent se décolleter. » — « Ah ! répliqua le prince, lorsqu'elles paraissent devant l'empereur, elles se déshabillent donc tout à fait ? »

Pour en revenir aux Japonaises, ce qu'elles ont de beaucoup plus remarquable que leur beauté, c'est leur amabilité et la grâce enfantine dénuée de prétention qui leur donne un charme extrême. Elevées comme des enfants, elles en ont le caractère et tout le naturel, puis elles sont avenantes, polies, toujours gaies, souriantes, pleines de gentillesse et de l'humeur la plus facile. N'ayant absolument rien à faire et jouissant d'une liberté complète, lorsqu'elles ont pris leur bain, elles s'en vont, trottinant dans les rues avec leurs petits cap-cap, les lèvres recouvertes de *béni*, espèce de carmin mêlé de poudre d'or, d'un effet ravissant.

Si l'une d'elles rencontre un étranger, elle lui dit en souriant : « *Dana ohayo* : Bonjour, maître. *Doko maro*

maro : Où allez-vous ? » et pour peu qu'on lui dise sottement, n'ayant pas d'autres phrases à sa disposition : « *Ata taïsan iérossi :* Vous êtes charmante ! » la voilà enchantée, et elle vous suivra jusqu'au bout de votre promenade, se faisant un plaisir de vous montrer le chemin, vous prêtant ou même vous donnant volontiers sa lanterne si la nuit commence à rendre la route difficile.

Femme, se dit *mouzoumé* en japonais, et ce nom est aussi agréable à l'oreille que l'objet qu'il représente est agréable à voir.

Les mouzoumés sont d'une politesse extrême avec les hommes et ne leur adressent la parole qu'en les appelant *Dana,* maître, en signe de respect, lors même qu'elles les voient pour la première fois. En revanche, les hommes n'ont aucune considération pour elles et les traitent non pas en esclaves, mais en enfants. Un Japonais voulant parler à l'une de ses parentes ou à quelque autre femme, ne la salue pas et lui dit d'un ton bref : « *Mouzoumé, ata coutchera :* Femme, arrive ici ! »

Cependant le Japon passe pour être le pays de la politesse par excellence, et les hommes s'y prodiguent sans cesse entre eux des salutations interminables. Aussi, ne comprennent-ils pas que les Européens réservent leur affabilité pour les femmes. Vous n'êtes pas logiques, disent-ils : « Si vous trouvez vos femmes supérieures à vous, donnez-leur le gouvernement de leur famille, l'administration de leur fortune et la direction des affaires de l'État, sinon, rendez les honneurs à ceux qui ont toutes ces choses. »

Si l'on excepte cette anomalie, on ne peut s'empêcher de reconnaître que les Japonais sont les hommes les plus polis de l'univers. M. de Frayssinet dit avec raison, dans son ouvrage sur le Japon : « Les simples

artisans et les laboureurs observent si exactement entre
eux les devoirs de la civilité, qu'on les dirait élevés à la
cour. »

Ce qui, au premier abord, frappe les étrangers à Yeddo,
c'est qu'il semble qu'il n'y ait que des jeunes femmes et
des jeunes filles dans la ville ; on n'y rencontre, en effet,
que très-rarement des femmes âgées. Ceci s'explique par
la différence qui existe entre les mœurs des unes et des
autres, différence qui est la contre-partie de ce qui se
passe chez nous.

Au Japon, les jeunes filles usent d'une liberté sans
limite et vivent à leur guise jusqu'au moment de leur
mariage ; souvent même, un Japonais donnera la pré-
férence à celle qui lui apportera en dot une petite fa-
mille. Je me suis laissé dire aussi — mais sans y ajouter
une foi absolue — que certains originaux considèrent
d'autant plus une jeune fille qu'elle a eu plus d'amants,
sous prétexte qu'elle doit posséder des qualités de pre-
mier ordre, pour être si courue. Quant à celles qui res-
tent sages, ils se disent : Voilà des filles dont personne
ne veut, et se gardent de les épouser.

Toutefois, à partir de son mariage, tout change, la gen-
tille mouzoumé se transforme comme un papillon qui au-
rait perdu ses ailes. Il semble qu'elle se rende laide à
plaisir ; elle se noircit les dents avec de l'oxyde de fer,
se rase les sourcils, ne s'occupe que du soin de son mé-
nage et ne sort que pour affaires.

Enfin, lorsqu'elle est devenue vieille, elle ne quitte plus
la maison, fait la cuisine et fume accroupie derrière un
paravent, en songeant à la vanité des choses de ce
monde. Voilà du moins comment on m'a expliqué la
jeunesse éternelle des femmes qui animent les rues de
Yeddo.

Souvent une mouzoumé vous offre de venir prendre le thé chez elle. Aussitôt qu'elle est dans son intérieur, l'agitation et les allures dégagées qu'elle affectait dans la rue, font place à une immobilité fort singulière à observer. Elle s'asseoit sur une natte à côté d'un petit trépied sur lequel se trouve un service à thé microscopique, un flacon de saki, une jolie petite pipe et une provision de tabac blond et chevelu comme le latakié.

Dès-lors, elle restera là pendant cinq ou six heures sans remuer autrement que pour fumer sa pipe qui ne contient qu'une pincée de tabac et qu'elle est obligée de rebourrer sans cesse.

Les maisons japonaises sont presque toutes construites en bois ; elles sont ainsi mieux garanties contre les tremblements de terre et plus faciles à reconstruire en cas d'incendie. Mais ce qui leur donne un caractère tout à fait particulier, ce sont leurs fenêtres. Celles-ci se composent de légers châssis garnis de feuilles de papier huilé qui laisse pénétrer la lumière sans cependant permettre aux regards indiscrets de voir ce qui se passe au dedans.

Toutefois, comme cette transparence est naturellement moins grande que celle du verre, on rachète ce défaut en donnant aux fenêtres beaucoup plus de largeur qu'aux nôtres ; de la sorte les appartements japonais sont aussi clairs que ceux de Paris, et même la lumière, s'y répandant plus également, est plus agréable à la vue.

Le soir, ces maisons pour ainsi dire tout en fenêtres, ressemblent à de grosses lanternes blanches d'un effet charmant. A l'intérieur, les maisons les plus riches sont entièrement dénuées de meubles : pas de lits, pas de chaises, pas de tables, rien que des nattes et de nombreux paravents que l'on dispose suivant les circonstances.

Les Japonais se couchent par terre, enveloppés dans d'immenses robes de chambre ouatées, et s'appuient la tête sur un espèce de chevalet qui a la forme d'un fer à repasser dont la poignée de cuir représenterait la partie la plus moëlleuse.

CHAPITRE XIX

Il y a dans Yeddo un immense quartier appelé le *Yo-
hiwara*, formant à lui seul une véritable ville et ex-
lusivement affecté à deux sortes d'établissements qu'il
e faut pas confondre ; ce sont les *djoro djass* et les
cha djass, ou maisons de thé.

Le djoro djass se compose d'un grand salon séparé de
. rue par une grille en bois, qui permet de voir les per-
onnes qui s'y trouvent comme on voit des bêtes féroces
ans leurs cages. De grosses lanternes blanches et noires
onnent une lumière blafarde. Parallèlement à la grille,
uit ou dix femmes sont assises à égale distance les unes

des autres; chacune a près d'elle son indispensable plateau de thé, son tabac et tous ses petits ustensiles. Elles sont toutes revêtues de superbes *kimonos* de soie richement brodés et de ceintures aux couleurs éclatantes ; enfin leurs coiffures, plus soignées que jamais, sont traversées par une douzaine de flèches d'ambre de deux pieds de longueur. Dans cet attirail, elles restent muettes, immobiles et passives, exposées aux regards de tous les passants et à la disposition de quiconque veut les voir de plus près.

Un fait curieux à signaler, c'est qu'au Japon, la prostitution ne déshonore nullement, de sorte qu'une fille qui a vécu plusieurs années dans un *djoro djass*, peut se marier aussi bien qu'auparavant, et même mieux, grâce à l'argent qu'elle a pu mettre de côté.

D'ailleurs, il n'est que juste de ne pas faire retomber la responsabilité de leur triste situation sur les pauvres filles qui en sont victimes, car on ne les a pas consultées pour la leur donner. Leurs parents, ou ceux qui se sont chargés de les entretenir, ont disposé d'elles à leur gré, et il leur a fallu en passer par toutes leurs volontés pour payer l'hospitalité et les soins qu'elles ont reçus.

Quant aux *tchâ djass*, au maisons de thé, ce sont des établissements essentiellement japonais que l'on ne trouve nulle part ailleurs et qui n'ont rien de commun avec les *djoro djass*. Ils ont quelque rapport avec nos cafés chantants. Tout le monde y va, et c'est même le seul endroit où l'on puisse agréablement passer la soirée; aussi Japonais et Européens s'y rendent-ils presque tous les soirs.

Généralement on y vient en bande de cinq ou six personnes; on loue un salon, et l'on choisit un pareil nombre de femmes pour vous donner le spectacle d'une *djonn-*

PAVILLON DU TEMPLE D'OSAXA, A YEDDO

quina, danse nationale qui a quelque ressemblance avec celle de l'abeille.

Avant de la décrire, il est très-important de bien faire comprendre quelle est la condition des femmes qui l'exécutent, car si on les confondait avec les *djoras* dont j'ai parlé plus haut, elles perdraient tout leur charme aux yeux du lecteur.

Ces petites actrices sont des jeunes filles de quatorze à dix-huit ans, appartenant souvent à de très honnêtes familles qui, ayant plus d'enfants que de fortune, les ont mises dans une *tchâ djass*, afin de ne pas avoir à les entretenir et d'en tirer au contraire un revenu de cent à deux cents francs par an. Là, pour leur former l'esprit et le cœur, on leur apprend à préparer le thé, à faire des bonbons, on leur enseigne la musique, la danse, l'art de jouer du *Sam-Sinn* et surtout celui de faire *djonnkina*; en un mot on les dresse aux belles manières, et l'on ne néglige rien de ce qui peut les rendre séduisantes aux yeux des Japonais. Une fois instruites de la sorte, leurs maîtres en font à leur gré des *ghékos*, chanteuses, ou des *o-douris*, danseuses. Dès lors, elles deviendront le *plaisir des yeux* et les *délices des oreilles* du public; elles accorderont même de petites faveurs à ceux qui s'en montreront dignes par leurs prévenances et leur politesse; toutefois elles ne devront jamais dépasser la limite qui les ferait descendre dans la catégorie des *djoras*. D'ailleurs, leurs maîtres sont doublement intéressés à la conservation de leur vertu, d'abord vis-à-vis du public et ensuite vis-à-vis de leurs parents auxquels ils doivent les rendre après un certain nombre d'années stipulé d'avance.

Ce qu'il y a de plus singulier et de plus triste au point de vue moral, c'est de voir dans les *tchâ djass* des petites filles de dix à treize ans amenées là, par leurs parents, pour y faire leur éducation. Elles ne savent pas encore danser et ne figurent pas directement dans les soirées, mais elles regardent de tous leurs yeux ce que font les plus grandes, afin de pouvoir un jour les imiter.

Voici maintenant en quoi consiste la *djonnkina* : A peine installés dans le salon que l'on a loué, on apporte les plateaux de thé, le *saki* (vin chaud), les sucreries et les pipes ; puis les mouzoumés se mêlant aux spectateurs commencent à chanter d'une voix monotone et mélancolique, en s'accompagnant du *sam-sinn*, guitare au long manche dont elles jouent très-bien.

Lorsque les esprits, échauffés par le saki, ont répandu une certaine gaieté dans l'assemblée, deux *o-douris* se lèvent et se placent l'une en face de l'autre. Elles chantent d'abord lentement, puis s'animent de plus en plus en piétinant comme des Auvergnats et en gesticulant de façon à ne laisser aucun doute sur la nature des sentiments qu'elles veulent exprimer. En outre, elles se frappent les mains périodiquement en suivant certaines règles convenues. Lorsque l'une se trompe, elle donne pour gage une partie de ses vêtements et continue de plus belle. C'est ainsi qu'elle ôte d'abord sa ceinture, puis retire chacune de ses manches, le kimono disparaît à son tour et ainsi du reste, jusqu'à ce qu'il soit impossible d'en retirer davantage.

Tout ceci se fait aux chants et aux cris des spectateurs qui, sous l'influence de cette vertigineuse bacchanale et surtout de l'enivrant saki, finissent par se griser complétement. Souvent alors, les Européens perdent toute retenue, et se livrent à la fin de ces djonnkinas aux pantomimes les plus fantastiques. Ce sont des culbutes, des farces de toutes sortes et un tapage épouvantable. Les

INTÉRIEUR D'UNE TCHA-DJASS, À YEDDO

uns, les jambes en l'air, font le poirier au milieu du salon, d'autres étudient le moulinet avec un *sam-sinn* ou enlèvent une mouzoumé à bras tendu ; enfin c'est un vrai délire.

Cependant, il faut se défier de ce moment, car le terrible saki a une influence toute différente sur les Japonais.

Un grand nombre d'officiers et autres *gentlemen* japonais se réunissent chaque soir au *iochiwara*, et lorsqu'ils ont pris une certaine quantité de saki, ils deviennent absolument féroces et ne parlent plus que de couper la tête à tous les Européens. Aussi quand l'un d'eux pénètre dans l'enceinte de ce quartier, des *Yaconines* intelligents sont chargés de les escorter et de les protéger en cas de besoin.

Le *Taïcoun* évite autant qu'il peut l'assassinat des Européens, mais il ne faut pas se faire d'illusion, cette extrême sollicitude tient à ce qu'il ne se soucie pas de payer trop souvent l'énorme indemnité qu'on lui réclame en pareil cas. Il y a des gens sans délicatesse qui seraient capables de se faire assassiner pour faire fortune !

Les Japonais ne voient pas avec plaisir les Européens dans leurs *tchă djass*, aussi les directeurs de ces établissements cherchent-ils tous les moyens possibles de les dégoûter d'y venir, sans oser cependant leur refuser carrément la porte.

Voici le procédé ingénieux qui leur réussit le mieux : lorsqu'un de nos compatriotes se présente, on le reçoit avec une exquise politesse, et on le conduit dans un salon richement décoré. Plusieurs vieilles femmes s'empressent de lui apporter du thé, des gâteaux, et toutes sortes de friandises, puis elles lui font admirer les peintures de quelque paravent et gardent vis-à-vis de lui un silence respectueux. L'étranger ennuyé demande alors où sont les *O-douris ? Mouzoumé né,* lui répond-on, ce qui correspond au *mafich* des Arabes. S'il se promène dans la maison, il ne rencontre personne, car de tous côtés on a fait le vide autour de lui. A la fin, lassé, il s'en va et se garde de revenir dans un endroit où il a trouvé si peu d'agréments.

Presque tous les hommes de condition libre exercent au Japon la profession militaire, aussi portent-ils toujours de grands sabres en travers de leurs ceintures. Les *yaconines* se contentent du sabre à deux mains appelé *katana,* mais les *samouraïes,* officiers supérieurs, y adjoignent le *oua-kidach;* c'est celui dont ils se servent pour s'ouvrir le ventre lorsqu'un déshonneur, qu'ils ne peuvent éviter, les forcent au *hara-kiri.* Rien n'égale la trempe de ces armes, dont ils se servent d'ailleurs avec une merveilleuse adresse.

La lame est en fer et le tranchant seul en acier, de sorte que les sabres, ainsi fabriqués, coupent comme des rasoirs tout en conservant l'élasticité du fer. Lorsqu'on les frappe contre les meilleurs sabres anglais, ceux-ci sont toujours ébréchés et souvent brisés.

Les Japonais ont aussi de superbes armures, laquées et dorées avec le plus grand soin, dont j'ai rapporté de curieux spécimens; mais ils sont loin de se contenter de toutes ces armes antiques. Aussitôt qu'ils ont connu les nouveaux fusils, ils ont voulu en armer leurs nombreux soldats ; seulement, ne sachant auxquels donner la préférence, ils ont fait venir à la fois des carabines Remington des États-Unis, des chassepots de France et des fusils à aiguille de Prusse. Ils ont, en outre, une foule de canons et des fortifications établies suivant toutes les règles de l'art. Le port de Yeddo notamment est un des mieux défendus que je connaisse. Le peu de profondeur de la mer empêche les vaisseaux d'un fort tonnage d'y pénétrer, et plusieurs forts à fleur d'eau protègent par leurs feux croisés les approches de la ville.

Les Japonais, naturellement belliqueux, sont d'ailleurs très-portés à s'exagérer le sentiment de leur force, aussi sont-ils des plus arrogants envers les étrangers.

Les rares Européens qui s'aventurent dans Yeddo ont l'habitude de porter en évidence un gros révolver ; mais cette arme fait sourire de pitié les *samouraïes*, qui certes leur feraient voler la tête avant qu'ils aient eu le temps d'ajuster.

Je crois pouvoir affirmer, par expérience, que l'on peut se promener sans grand danger dans les rues d'Yeddo, à la condition d'y mettre un peu de prudence et d'éviter surtout très-soigneusement les officiers ivres, car, dans cet état, ils oublient les ordres sévères de leurs chefs et pourfendent un *todjinne* avec amour. Ils s'amusent souvent encore à faire des exercices d'escrime sur les malheureux chiens qu'ils rencontrent en se promenant; aussi tous ceux qui survivent ont-ils des entailles béantes ou des cicatrices atroces.

Pour eux, le comble de l'art, la suprême joie, consiste à vous couper un chien en deux d'un seul coup de *katana*, de façon à ce que la tête et les pattes de devant tombent d'un côté et le reste de l'autre. Il en résulte que ces pauvres animaux, qui ne goûtent pas du tout ce genre de plaisanterie, ont contracté une défiance assez justifiée contre les hommes en général, et se sauvent en hurlant aussitôt qu'on les approche, absolument comme les *chollas* péruviennes.

Pour ma part, je faillis aussi être coupé en deux comme un simple chien. Voici à quelle occasion : Un jour que je me promenais à cheval dans Yeddo, je rencontrai un *daïmio* dont les gardes remplissaient les trois quarts de la chaussée ; je m'empressai de leur faire place et tombai trois pas plus loin sur un *samouraïe* qui par hasard marchait à pied, suivi d'une douzaine de serviteurs. Impossible de m'arrêter à temps et le voilà obligé de reculer précipitamment. Aussitôt, il me regarde avec des yeux flamboyants et porte *les mains* à son sabre avec la rapidité de l'éclair. Je m'empare de mon révolver, tout en sentant quelle serait son inutilité en cas d'attaque ; mais le trot de mon cheval nous sépare, mon officier se contente de sa bonne volonté, et je continue ma route, n'ayant aucune bonne raison de m'attarder davantage.

Je m'applaudis fort de ne pas avoir suivi le conseil qu'on nous avait donné pour de pareilles circonstances. « Aussitôt, nous disait-on, qu'un Japonais touche son *katana*, prévenez-le en faisant à l'instant feu sur lui, autrement vous aurez la tête coupée avant d'avoir vu la lame sortir du fourreau. » Il paraît, en effet, qu'un samouraïe est déshonoré s'il tire son sabre sans le tremper dans le sang. Si j'avais été à pied, peut-être eussé-je été forcé de me défendre ainsi, en attaquant, mais par bonheur mon cheval me dispensa de ce triste expédient.

Parmi les personnages que l'on rencontre à Yeddo, je ne dois pas oublier les bonzes, que l'on reconnaît facilement à leur tête complètement rasée, ainsi qu'au chapelet qu'ils manient sans cesse. Yeddo renferme le nombre prodigieux de quatorze cents temples, presque tous bouddhistes, aussi le nombre des bonzes est-il énorme.

On sait que les Japonais, gens sérieux, intelligents, philosophes, n'ont de parti pris contre aucune religion, et ont étudié de bonne foi celles qu'on est venu leur enseigner dans tous les temps. Aussi, les gens du peuple, séduits par l'élévation des doctrines chrétiennes, se sont-ils convertis par milliers à l'époque de saint François-Xavier, mais les lettrés sont toujours plus récalcitrants.

Aujourd'hui encore, nous disait un missionnaire qui les avait fréquentés pendant de longues années, lorsque nous avons une conversation avec quelque bonze instruit, il nous écoute avec la plus grande attention, nous laisse parler plusieurs heures, approuve tout ce que nous disons, puis *répond invariablement :* « Tout cela est très-juste et fort beau, cette morale est magnifique ; seulement, nous la connaissons depuis trois mille ans. »

— Comment cela ?

— Lisez nos livres.

Une des plus belles pagodes de Yeddo est celle d'*Osaxa*. Elle se compose d'une foule de bâtiments jetés au hasard dans un vaste parc aux arbres séculaires. Ce sont des portiques immenses, des kiosques, des tours à cinq toits superposés d'étage en étage, ornés de clochettes qui tintent au moindre vent ; des lions de granit, des animaux monstrueux ; enfin, au centre s'élève le temple principal, recouvert d'un énorme toit aux tuiles vertes et vernissées. L'intérieur est entièrement doré, revêtu d'inscriptions morales, et renferme des autels et des idoles semblables à celles que l'on voit dans les temples chinois.

Le temple d'*Yoyéno* passait autrefois pour le plus ancien et le plus beau du Japon ; malheureusement il a été en partie détruit lors de l'insurrection et de la guerre civile fomentée par le prince de Satsouma.

Nous avons visité avec beaucoup d'intérêt ce qui en subsiste encore, et j'ai eu le bonheur de pouvoir me procurer la lampe de bronze qui brûlait devant la grande idole ; c'est une des antiquités les plus précieuses du monde.

La plupart des pagodes japonaises sont placées sur une élévation que l'on gravit au moyen d'un magnifique escalier de pierre assez semblable à celui de notre Trocadéro, mais entourée d'arbres au noir feuillage, d'un aspect grandiose.

Les abords des temples sont abandonnés au peuple et constituent une foire perpétuelle. Chacun profite de la foule qu'attire l'autre. C'est là que l'on admire les saltimbanques les plus extraordinaires, les acrobates faisant les tours qui ont eu tant de succès à Paris et à Londres : l'échelle de bambou, les tonneaux, les papillons, le spectre traversant une fenêtre de papier en équilibre sur les jambes d'un hercule et autres choses de ce genre.

Puis des figures de cire semblables à celles du *Musée Tusaud*, seulement dont les physionomies sont mobiles et produisent l'effet le plus saisissant.

Plus loin se trouvent mille échoppes où l'on vend toutes sortes de fritures et de sucreries. Ici, un effroyable *gong* annonce les exercices surprenants des jongleurs ; là des musiciens ambulants font un charivari infernal, ou bien des *mouzoumés*, revêtues de chapeaux de paille plats et larges comme des galettes se promènent en jouant du *sam-sinn*.

C'est là que l'on peut étudier le peuple dans toute sa naïveté ; c'est là qu'affluent les mendiants et que circulent les longues files d'aveugles. Ceux-ci, en effet, s'associent par bandes et prennent pour chef un borgne ou quelque manchot ; chacun se courbe sur un bâton, s'accroche aux vêtements de celui qui le précède, et ils forment ainsi des processions de douze ou quinze personnes qui se faufilent comme d'horribles serpents à travers les groupes.

Quelques-uns de ces aveugles, moins misérables et convenablement vêtus, se promènent seuls en annonçant leur passage au moyen d'un lugubre sifflet : ce sont des masseurs dont la profession est de savonner énergiquement les mouzoumés dans leurs bains, surtout celles dont les maris sont jaloux.

Le plus splendide monument du Japon est le tombeau des *Taïcouns*. Les *todjinnes* n'y sont reçus que sur la présentation d'un permis assez difficile à obtenir. Il se compose de plusieurs pagodes entièrement construites en bois sculpté et doré, d'une richesse et d'un cachet merveilleux. On y arrive en traversant un immense parc entremêlé de vases de bronze d'un travail exquis, d'arcs de triomphe, de clochers, de statues aux formes étranges, d'avenues de dragons et de lanternes de pierres transparentes qui doivent être la nuit d'un effet charmant. Certes, les monuments de marbre que l'on voit aux Indes sont ce qu'il y a de plus magnifique au point de vue architectural, mais le tombeau des *Taïcouns* est ce que j'ai vu de plus riche, de plus éblouissant et de plus extraordinaire.

Les daïmios et autres grands seigneurs japonais, habitent dans Yeddo un quartier spécial correspondant à notre faubourg Saint-Germain ; seulement chacun d'eux possède un hôtel immense où il loge des centaines de chevaux et jusqu'à trois ou quatre mille soldats qui leur appartiennent en propre. Ces habitations ne se traduisent au dehors que par de longs murs noirs de l'aspect le plus triste. Aucun todjinne n'y est jamais reçu, ceux-ci étant toujours considérés comme des barbares d'une espèce inférieure.

Quant au palais du Taïcoun, il est, avec ses énormes dépendances, enfermé dans une île gardée comme le jardin des Hespérides, et ne laisse apercevoir qu'un kiosque et les sommets de quelques tours placées près des extrémités des parcs qui l'enveloppent.

Souvent nous faisions dans Yeddo de longues promenades à pied, afin d'examiner les magasins et les véritables musées qu'ils renferment. Nous y avons acheté des bronzes, des ivoires sculptés, des laques, des étoffes de soie brochées et mille curiosités de ce genre; mais je crois inutile de détailler ici les divers produits de l'industrie japonaise, chacun ayant pu les admirer dans toutes les parties du monde.

Lorsque les Japonais veulent marchander quelque objet, la coutume les oblige à laisser leurs chaussures à la porte, de sorte que les Européens qui ne veulent pas se soumettre à cette exigence, ont l'humiliation d'être relégués sur le seuil de l'entrée ou dans le ruisseau voisin, ainsi que les pauvres, les gueux et autres gens dont on se défie.

Toutes les transactions se font au moyen d'une monnaie fort curieuse. L'unité est l'*itchibou*, pièce rectangulaire en argent et valant 1 fr. 60 c. L'*itchi* est quatre fois plus petit et vaut 40 c.; enfin le *tempo* est en bronze très-dur et vaut 10 c. Ces dernières pièces ont la forme ovale et sont percées d'un trou au centre afin de permettre de les réunir par séries. Quant aux pièces d'or, il est défendu, sous peine de mort, aux Japonais de s'en servir avec les étrangers. Leur valeur intrinsèque en Europe étant plus grande que leur valeur monétaire au Japon, il en résulte que plusieurs industriels faisaient avant cette prohibition des fortunes colossales en achetant une quantité de pièces d'or au Japon et en les revendant en Europe.

Lorsque nous sortions sans interprète, nous parvenions

à nous tirer d'affaire au moyen de quelques centaines de mots choisis que nous avions appris par cœur.

On dit qu'il faut au moins sept années d'études pour apprendre le japonais, car c'est une langue très-riche et très-savante; mais il serait facile de se faire comprendre suffisamment en apprenant deux ou trois mille mots, choisis d'une manière intelligente. Le japonais est la langue la plus harmonieuse que je connaisse; elle a toute la douceur de l'espagnol sans en avoir les *jotas* qui le rendent parfois si rauque.

Autant le chinois est désagréable à entendre, autant le japonais est doux et gracieux à l'oreille. On en jugera par les mots suivants :

Konitchi.....	aujourd'hui.	Mina-mina.........	tout.
Mionitchi.....	demain.	Katana...........	grand sabre.
Todaïma......	de suite.	Oua Kidach.......	petit sabre.
Mouzoumé....	femme.	Dana...........	maître.
Sam-Sinn.....	guitare.	Djigui-djigui......	vite.
Yaconine.....	officier.	Itaïe !...........	exclamation de douleur.
Samouraïe....	officier supérieur.	Atama..........	la tête.
Daïmio.......	noble.	Mami..........	les sourcils.
Milkado.......	empereur.	Mimi..........	les oreilles.
Taïcoun......	gouverneur général.	Ana...........	le nez.
Ikorah.......	combien?	Mé...........	les yeux.
Ariato........	merci.	Keutchi........	la bouche.
Kimono.......	vêtement.	Tchi-tchi.......	les seins.
Itchi-bann....	première qualité.	Hana..........	une fleur.
Ohaïo........	bonjour.	Tchisaïe.........	petit, étroit.
Sayonara......	bonsoir.	Peké..........	allez vous-en.
Iérossi........	joli.	Sami..........	il fait froid.
Néro-Néro....	dormir.	Maté maté.......	attendez.
Maro-Maro...	aller.	Atchadé arismaka?	Y a-t-il du thé?
Nani ?........	quoi?	Arimassène.......	Il n'y en a pas.
Coutchéra.....	ici.		

Je n'ai pas la prétention d'avoir donné ici une description de Yeddo, mais j'ai essayé de peindre ce qui frappe le voyageur au premier aspect, et ce qui lui est possible de voir en quelques semaines.

Un ouvrage de la nature de celui-ci ne comporte pas un exposé de la situation politique du Japon; je rappellerai seulement quel est le mode de gouvernement de ce pays.

On a dit souvent que le *Mikado* était un chef spirituel analogue à notre pape, et le *Taïcoun* un souverain temporel. Je crois qu'on doit plutôt les comparer aux derniers rois carlovingiens et aux maires du palais.

Les Mikados gouvernaient autrefois le Japon en qualité d'empereurs; mais à la fin du seizième siècle, ils se sont laissés persuader que leur dignité ne leur permettait pas de s'occuper des misérables affaires de ce monde, et ils ont abandonné tout le pouvoir aux Taïcouns qui exerçaient les fonctions de lieutenants-généraux. Ceux-ci reléguèrent peu à peu les Mikados sur un piédestal ou plutôt dans la prison de *Miako* et s'emparèrent exclusivement du gouvernement.

Cet état de choses durait encore dans ces dernières années, lorsque le prince de *Satsouma,* le plus puissant des daïmios, fit une révolution pour rétablir la suprématie réelle du Mikado.

Aujourd'hui le Taïcoun n'occupe plus que le second rang, et son pouvoir ne s'étend pas au-delà de Yeddo.

Peut-être le drapeau légitimiste, qu'arbore le prince de Satsouma, cache-t-il dans ses plis son ambition personnelle et veut-il lui-même remplacer le Taïcoun sous un autre nom : voilà ce que l'avenir nous apprendra.

Ne voulant pas quitter le Japon, sans faire une belle excursion dans les environs, tout le monde nous conseilla d'aller voir la fameuse statue du *Daïbouts*, l'un des monuments les plus singuliers du pays. Nous louâmes donc deux chevaux et l'on nous gratifia en plus d'un *bétto* qui devait servir de guide et de palefrenier.

PAYSAGE JAPONAIS

Les *béttos*, entièrement nus, afin de pouvoir mieux courir, sont choisis parmi les hommes les plus robustes; car, quelle que soit l'allure que l'on prenne, ils doivent toujours vous suivre. Quand on va au pas, ils vous précèdent, et vous rattrapent rapidement malgré un temps de galop. Que l'on voyage toute la journée sans relâche ou que l'on arrête souvent, vous n'avez à vous occuper de rien, le *bétto* est toujours là, nourrit ses chevaux dans les moments perdus, et se trouve prêt comme par enchantement, chaque fois qu'il vous convient de repartir.

C'est ainsi que nous avons parcouru les ravissantes campagnes qui environnent Yeddo. Jamais, en aucun pays, je n'ai vu d'aussi riants paysages ; c'est un jardin féerique, et il paraît que tout le Japon est de même. Tantôt nous longions des champs admirablement cultivés ou traversions des rizières sur de légers ponts de rotins; tantôt nous suivions de longues allées d'arbres touffus. Çà et là, s'élevaient de gracieuses fermes, tenues avec une propreté extrême et situées sur le bord de petits étangs, dans lesquels se reflétaient des bouquets de bambous.

Partout des genêts embaumaient l'air et des camélias égayaient la vue par leurs brillantes corolles. On ne trouve pas au Japon la végétation des tropiques, mais il n'est pas de pays plus gracieux et plus poétique : tout y est simple, suave, naïf et charmant; c'est une idylle. Le terrain étant extrêmement accidenté, le paysage change à chaque pas, et les mille perspectives qui en résultent se projetant sur la mer, produisent les tableaux les plus ravissants que l'on puisse imaginer.

Vers le milieu du jour, nous nous arrêtâmes à *Kama-Koura*, où se trouve un temple d'une certaine importance. Toutes les pagodes se composent constamment des mêmes éléments, mais la variété de leur disposition et l'arrangement des ornements produisent un effet toujours nouveau.

Dans une des salles du temple de *Kama-Koura*, un cheval sacré daigne se montrer aux humains, et on le traite avec les mêmes honneurs que les bœufs des temples indous. Sa robe blanche et ses yeux roses lui valent la haute position qu'il occupe ; d'ailleurs, il paraît doué d'une très-mauvaise nature et ne cesse de ruer et de hennir furieusement.

Dans le parc voisin, une pierre appelée *Omennko-Sama*, est aussi l'objet d'une grande vénération, parce que le hasard y a sculpté assez grossièrement ce que Vénus cache avec soin.

De toutes les parties du Japon, les femmes stériles viennent en pélerinage afin de toucher cette pierre sacrée, espérant ainsi obtenir des enfants, et cette pieuse pratique, fortement encouragée par les bonzes, devient la source des richesses du temple du Kama-Koura !

De là, quelques heures de marche conduisent au *Daïbouts*, but de notre excursion. On appelle ainsi une gigantesque statue de Bouddha, dans le ventre de laquelle on a installé un temple. De même que toutes les pagodes japonaises, le Daïbouts est placé dans un des endroits les plus pittoresques que l'on ait pu trouver, et au centre d'un beau parc. On le découvre petit à petit en suivant une longue avenue d'arbres noirs et touffus comme des cyprès.

Cependant la nuit s'abaissait rapidement et nous n'eûmes que le temps de gagner le village de *Fougisawa*, où nous espérions trouver quelque gîte. On nous offrit, en effet, l'hospitalité dans une maison de thé, et l'on nous reçut avec une exquise politesse, mais assez froidement, ce qui ne prouve pas en faveur des Européens qui nous y avaient précédés. Néanmoins, voyant que nous n'étions pas ivres, que nous ne nous emparions pas des femmes malgré elles, que nous ne jurions pas et restions tranquillement étendus sur nos nattes en dégustant le thé, les mouzoumés s'apprivoisèrent peu à peu et, mettant de côté toute terreur, s'approchèrent de nous avec leur gentillesse habituelle. Aussitôt que nous eûmes bu notre thé, on nous apporta un plateau de laque couvert de petites coupes de porcelaines, remplies de mets étranges et paraissant préparés avec un soin et une propreté extrêmes. Le requin et les poissons vivants ne nous séduisirent pas, mais il y avait aussi fort heureusement des œufs durs, du riz, des fruits en quantité, des confitures de toutes les nuances de l'arc-en-ciel, des leitchis et des racines de jeunes bambous, dont le moëlleux et le goût délicat rappellent les meilleures feuilles de l'artichaud.

La soirée se termina, selon l'usage, par une entraînante *djonnkina*, puis on nous donna la chambre la plus élégante du *tchá djass*, des oreillers de bois et deux grosses couvertures de soie ouatées dans lesquelles nous étions libres de nous entortiller, car, je le répète, les lits sont complétement inconnus au Japon.

La réception que l'on nous fit à Fougisawa me donne l'occasion de placer ici quelques observations sur l'attitude des étrangers au Japon et celle des habitants à leur égard. Je tiens d'autant plus à en parler nettement que l'on est imbu en Europe de préjugés fort injustes à ce sujet.

Toutes les fois que nous visitions un endroit peu fréquenté par les Européens, nous y étions reçus à bras ouverts ; les femmes et les jeunes filles s'empre saient autour de nous, s'efforçaient de nous être agréables, nous offrant du thé, des bonbons et nous invitant à nous reposer chez elles ; les hommes nous faisaient de profonds saluts, prenaient soin de nos chevaux et nous rendaient mille services sans rien accepter en retour.

Au contraire, dans les environs de Yocohama, et partout où les Européens sont connus, on nous traitait avec réserve et méfiance lorsqu'on ne nous fermait pas la porte au nez. J'ajouterai que les personnes qui ont eu la bonne fortune de voyager dans les parties les plus reculées du Japon, affirment que l'hospitalité des habitants croît en raison de la distance qui les sépare des ports ouverts aux *todjinnes,* et qu'en aucun pays ils n'ont été traités avec autant de politesse et de prévenance.

Cette remarque peut étonner bien des gens, mais pour peu que l'on ait vécu au Japon et que l'on veuille juger avec impartialité, on se l'explique aisément. En effet, ceux de nos compatriotes qui nous représentent dans ces pays lointains, sont souvent des gens grossiers qui donnent de nous la plus triste idée.

J'en ai vu moi-même se moquant de tout, ne respectant aucun des usages du pays, éclatant de rire dans les temples, prenant les femmes par la taille au milieu des rues, tapant sur les tables, se promenant ivres de tous côtés, vendant du cuivre pour de l'or, volant les gens qui avaient confiance en eux et affectant sans cesse des airs de supériorité blessante.

De plus, ces mêmes todjinnes cherchent à inculquer des idées démocratiques au peuple le plus aristocratique de la terre ; ils veulent changer ses mœurs, sa religion et ses usages, toutes choses qu'il respecte profondément, dont il a le rare bonheur d'être satisfait et qui lui ont réussi pendant des milliers d'années ; comment donc s'étonner de voir des Japonais, qui se suffisent à eux-mêmes et qui n'ont besoin de personne, faire tous leurs efforts pour éloigner de pareils trouble-fête ?

Pour ma part, je le dis hautement, je comprends fort bien la politique d'exclusion du gouvernement japonais à l'égard des Européens, et si j'étais à la tête d'une nation laborieuse, industrieuse, active, sobre, intelligente, respectant l'autorité, respectant la propriété et offrant le rare exemple d'un peuple content de son sort, comme celui dont je parle, certes, j'excluerais complétement de mon territoire ceux qui viendraient y créer de nouveaux besoins et y bouleverser tous les usages.

Voici d'ailleurs un passage traduit d'un ouvrage japonais où l'on peut voir ce que l'on pense des Européens au Japon :

« Ces étrangers, à part quelques rares et honorables exceptions, semblent totalement dépourvus de mansuétude, de bienveillance, de politesse, d'égalité d'humeur et de toutes ces belles qualités qu'on doit considérer comme les attributs essentiels d'un homme vraiment civilisé.

» Malgré leurs beaux navires, leurs machines merveilleuses, leurs armes excellentes, il faut partager l'opinion des Chinois qui les regardent comme des démons et des barbares. Depuis le jour néfaste où ils ont foulé le sol japonais, c'en a été fait du bonheur et de la paix de l'empire. Périls, craintes et souffrances naissent où ils posent le pied ; tout ce qui a été cher et sacré au Japonais risque de périr où règne leur désastreuse influence. Dans leurs propres maisons, les Japonais ne sont plus les maîtres. Les étrangers s'y introduisent suivant leur bon plaisir, touchent à tout ce qui excite leur indiscrète curiosité et ne prennent point garde aux ennuis que causent leur présence. Si on les accueille poliment, ils regardent cette manière de les traiter comme une invitation à revenir, et finissent par changer en établissement public la maison d'un paisible citadin. Si on tente de les éconduire, ils se fâchent. Dans les *tchâ djass*, leurs mauvaises façons les rendent encore plus désagréables, et leur présence suffit pour que le séjour en devienne insupportable. En vérité, un Japonais de la plus basse classe a plus de tact et de délicatesse que n'en montre un Européen. »

Un jour, j'eus un entretien à ce sujet avec un Japonais qui avait été à Paris, et il me dit avec vivacité :

— Comment osez-vous critiquer nos mœurs, vous Européens qui avez tant de préjugés, de superstitions et d'usages absurdes !

Vous vous indignez de notre *hara kiri*, mais votre duel est-il plus rationnel ?

Quoi, un homme doux et poli est injurié par un grossier personnage, le voilà obligé de se battre avec lui et de courir à une mort certaine, s'il n'a pas l'habitude des armes.

Lorsqu'une femme trompe son mari, c'est lui qui est déshonoré.

Vous flétrissez du nom de parvenus ceux qui ont su se créer une fortune, et vous admirez ceux qui dépensent follement l'argent dont ils ont hérité.

Vous vous laissez étouffer par la bureaucratie.

Vous craignez d'être treize à table, de renverser le sel, de partir un vendredi, de casser une glace, vous croyez au *jettatores*, consultez des somnambules, ou évoquez des esprits frappeurs ; vous exaltez des charlatans et ne respectez pas les lois. Néanmoins nous ne rions pas de vous ; ne pourriez-vous, de votre côté, avoir un peu plus d'indulgence pour les usages des étrangers ?

Malgré tout ce que je viens de dire, les Japonais éclairés reconnaissent fort bien la supériorité des Européens dans les sciences et surtout dans l'art militaire. Ils achètent des bateaux à vapeur américains qu'ils conduisent sans le secours d'ingénieurs étrangers; ils construisent des fortifications suivant la méthode moderne, adoptent l'armement européen, et se procurent des canons rayés du dernier modèle. Peut-être d'ici peu auront-ils des chemins de fer et des télégraphes électriques. En somme, ils sont les premiers parmi les peuples de l'Asie qui aient marché dans cette voie de progrès. On doit, ce me semble, les féliciter d'avoir su distinguer ce qu'il y avait d'utile dans notre civilisation, et l'on ne doit pas s'étonner qu'ils rejettent des usages qu'ils trouvent inférieurs aux leurs.

Après avoir passé la nuit tant bien que mal à *Fugi-sawa*, nous partîmes de grand matin, car nous tenions à être de retour à Yokohama avant le coucher du soleil.

On nous avait expressément recommandé de revenir par le *Tokaïdo,* une des curiosités du Japon, ce qui d'ailleurs ne devait pas nous détourner beaucoup de notre chemin; aussi, ne cessions-nous de rappeler à notre *bétto* qu'il fallait nous conduire dans cette direction. Or, après quelques heures de marche, un grand village apparut à l'horizon. « Est-ce le Tokaïdo ? » demandons-nous de suite au bétto, en allongeant la main de ce côté, puis, sur sa réponse affirmative, nous continuons notre route, le cœur léger.

Arrivés au susdit village, qui, par parenthèse, n'avait rien de bien particulier, nous reprenons :

— C'est bien ici le Tokaïdo ?

— Non, maître, c'est là-bas, répond le *bétto*, en montrant le prolongement du chemin.

Une heure après, nouveau village dans le lointain, pagode qui brille au soleil, etc.

— Cette fois dis-je, est-ce le Tokaïdo ?

— Oui, oui! le voilà, affirme-t-il avec un accent de profonde conviction; mais lorsque enfin nous y arrivons :

— Ça pas Tokaïdo, Tokaïdo là. et il montre l'endroit d'où nous venons. Furieux, nous l'agonisons d'injures choisies, en y ajoutant *baka*, ce qui les résume toutes.

— Comment, triple sot ! nous y étions et tu ne nous le disais pas.

Mais il répond en courbant la tête :

—*Dana*, Tokaïdo est devant nous aussi!

Partout il répétait que ce que nous tenions tant à voir était à la fois devant et derrière nous, tout en donnant un nom différent à chacun des villages que nous traversions. Nous continuâmes donc notre excursion en renonçant à visiter cet endroit merveilleux et introuvable, certains que notre pauvre *bétto* était absolument idiot.

Ce ne fut qu'à Yokohama que l'on nous expliqua cette énigme. Le Tokaïdo n'est autre que la grande route impériale qui traverse le Japon dans toute sa longueur du nord au sud en passant par Yeddo ; elle est admirablement entretenue, garnie d'arbres magnifiques et de fleurs charmantes, de sorte que le voyage, toujours varié, n'y est jamais monotone.

Notre pauvre bétto avait donc raison en nous montrant constamment le *Tokaïdo* dans la direction que nous suivions sans qu'il fût possible d'y arriver jamais.

Quelques jours avant mon départ, Madame de La Tour, avec laquelle j'avais eu plusieurs fois le plaisir de faire de la musique, me demanda de la gratifier d'une *râclerie* à un concert qu'elle voulait organiser en faveur de l'hôpital de marine nouvellement fondé à Yokohama.

La colonie allemande avait justement fait construire une salle de concert pouvant tenir deux cent cinquante personnes, et il s'agissait de l'inaugurer dignement. Je ne crus pas pouvoir refuser cette offre, bien que mon faible talent ne fût pas à la hauteur de la circonstance, et j'acceptai un peu légèrement. Madame de La Tour plaça immédiatement parmi ses amis deux cent cinquante billets à cinq piastres, ce qui produisit net 6,750 fr ! et le moment du concert, j'ai presque envie de dire de l'*exécution*, arriva bientôt. J'avoue que j'étais fort inquiet, n'ayant pas eu le temps de travailler beaucoup mon violon en voyage, et il m'eût été très-pénible de faire manquer un pareil concert. Cependant, lorsque je me trouvai sur l'échafaud, je veux dire sur l'estrade, j'eus le plaisir de constater que la rampe m'isolait complètement du public ; il me semblait que j'étais absolument seul, et cela me permit de jouer le concerto de Rode assez correctement, si j'en crois les témoignages indulgents qui me furent prodigués. Madame de La Tour et Madame de Lapeyrouse, femme du consul de France, jouèrent du piano à ravir, M. Lehmann tenait l'orgue ; enfin, ce fut une fête complète, et, pour ma part, je suis très-heureux d'avoir signalé mon passage au Japon en contribuant utilement à une bonne œuvre, ce dont je ne me croyais guère capable.

CHAPITRE XX

Le 30 avril, après cinq semaines passées au Japon, nous
nous embarquâmes à bord du *China*, bâtiment du
Pacific Steam Ship Company, en partance pour San-
Francisco. Le départ se fit au milieu de la nuit, à la
lueur sinistre d'un incendie qui dévorait un village
voisin de Yokohama et semblait embraser la moitié
du ciel.

Les paquebots américains qui font le service entre
Hong-Kong, Yokohama et San-Francisco, sont de magni-
fiques bâtiments admirablement aménagés. Leur lon-
gueur de trois cent quatre-vingts pieds, leur permet d'en-
jamber trois vagues, de sorte qu'il faut une mer très-
agitée pour provoquer un peu de tangage. Les cabines
sont larges et très-confortables, la salle à manger im-

mense, bien aérée, décorée de belles peintures et tout à
fait distincte des autres salons. Il y a un boudoir réservé
aux dames, un fumoir et un salon commun meublé avec
le plus grand luxe, orné d'une bibliothèque, d'un piano
à queue et de tout ce que l'on peut désirer.

Cependant, les rares voyageurs que l'on embarque sont
loin de permettre à la Compagnie de faire ses frais ; ce
sont les coolis chinois que l'on transporte à San-Francisco
pour y travailler dans les mines qui produisent la plus
grosse partie de la recette. On ne prend pas même, en
effet, moins de douze à quinze cents Chinois à chaque
voyage ; on les met dans des dortoirs qui remplissent les
entreponts des navires, on leur donne du riz et ils servent
eux-mêmes d'hypothèque pour le prix de leurs places.

La traversée du Japon en Californie est d'environ vingt
et un jours, lorsque les vents ne sont pas trop contraires,
mais on va presque deux fois plus vite dans les derniers
jours que dans les premiers, tant l'énorme quantité de
charbon dont on est obligé de faire provision, entrave la
rapidité de la marche, lorsqu'elle est encore presque
intacte.

Nous passions toutes nos journées à faire la lecture
pour tâcher d'abréger la monotonie de notre traversée,
car trois semaines de mer sans jamais voir terre font
l'effet d'un siècle dans le purgatoire.

Plusieurs passagers imaginèrent de faire un journal
qui paraissait tous les deux jours, et dans lequel chacun
faisait un article extra-fantaisiste sur le voyage, la tem-
pérature, les poissons volants, les nouvelles apportées
par les dauphins, les sérieuses inquiétudes que répandait
dans le public la figure sombre du capitaine, et mille
balivernes de ce genre.

L'événement le plus curieux de la traversée fut ce qui

nous arriva le lundi, 11 mai; peut-être cela semblera-t-il
une plaisanterie aux personnes qui n'ont pas des idées
très-nettes en cosmographie, mais celles qui connaissent
cette science le trouveront tout naturel : Nous avons eu
deux lundis 11 *mai* de suite, et en ne comptant pas
de la sorte, à notre arrivée à San-Francisco le mer-
credi 20, le registre du bord aurait indiqué jeudi 21.
Voici à quoi cela tient.

Lorsqu'on marche d'occident en orient, on gagne
chaque jour un certain nombre de degrés de longitude.
Or, comme le soleil parcourt quinze degrés par heure, il
en résulte que si l'on fait, par exemple, cinq degrés par
jour, le soleil passera au méridien vingt minutes plus tôt
que la veille, et par suite, les journées ne seront cha-
cune que de vingt-trois heures quarante minutes. Autant
on aura parcouru de fois quinze degrés, autant on aura
gagné d'heure; il en résulte qu'en atteignant le cent
quatre-vingtième degré, on sera en avance de douze
heures, et que, dans l'espèce, le lundi 11 mai à midi
correspondrait au dimanche 10 à minuit de Paris. Il est
facile de comprendre, d'après cela, que si l'on fait le
tour du monde à raison de cinq degrés par jour, il faudra
soixante-douze jours de vingt-trois heures quarante
minutes, pendant lesquels ceux qui n'auront pas quitté
le point de départ en auront eu soixante-onze de vingt-
quatre heures; les voyageurs auront donc eu un jour de
trop, et il en faudra doubler un autre pour rétablir l'équi-
libre des dates. Si, au contraire, on va d'orient en occi-
dent, les journées seront plus longues, on en perdra une,
et il faudra passer un jour au cent quatre-vingtième
degré.

Le journal du bord fut donc deux fois intitulé *lundi*
11 *mai*, et nous arrivâmes dans la magnifique baie de

San-Francisco le 20, après une traversée de vingt-et-un jours.

San-Francisco est une ville fort riche et qui s'agrandit tous les jours ; on y voit des maisons, des hôtels et des palais qui rappellent ceux de Londres. Plusieurs rues pourraient même par le luxe de leurs magasins rivaliser avec Piccadilly ou Regent-street, mais c'est surtout une ville d'affaires, et je ne la crois pas encore très-agréable à habiter.

Une chose assez curieuse est la banque centrale ; des séries de tables y sont disposées dans une salle de la grandeur d'une gare du chemin de fer, et la plupart d'entre elles m'ont paru littéralement couvertes de piles d'or. J'avoue qu'étant peu habitué à ce genre de spectacle, j'en ai été absolument stupéfait.

D'ailleurs, c'est là que se font tous les payements, les banquiers ne gardant pas d'argent chez eux et s'acquittant par des *checks* sur cette banque.

En revanche, la vie m'a paru d'une cherté exorbitante. Un cuisinier se paye cinq cents francs par mois, un domestique trois cent cinquante francs, un manœuvre ne se trouve pas à moins de dix ou quinze francs par jour et un ouvrier habile peut gagner de vingt à cinquante francs dans sa journée.

A l'hôtel cosmopolitain, où nous étions descendus, la carte des vins mériterait une réimpression exacte, elle est chiffrée en dollars et l'on n'y voit que les nombres quinze, douze, dix et huit.

En cherchant bien, on découvre quelques vins ordinaires à six et même trois dollars ; enfin, à force d'investigations, on finit par dénicher, tout à l'extrémité de la liste, un misérable petit chablis à deux dollars, qui se cache honteusement. On ne le demande que timidement au garçon, qui vous toise avec un profond dédain et ne l'apporte qu'après votre dîner.

En somme, je crois qu'à San-Francisco, avec cent mille francs de rente on aurait bien de la peine à suffire aux besoins de la famille la plus modeste.

Après trois jours de repos, nous songeâmes à nous remettre en route. Or, trois chemins s'offraient à nous : l'un par l'isthme de Panama et les Antilles, l'autre par le Mexique et le dernier par l'intérieur des États-Unis. Comme on venait justement d'inaugurer le *great pacific rail road*, qui relie San-Francisco à New-York, nous résolûmes d'en profiter, pensant qu'un pareil voyage à travers tout le continent américain ne pouvait manquer d'être intéressant. En conséquence, nous prîmes, le 22 mai, un bateau à vapeur, qui devait nous conduire à *Sacramento*, où était encore la tête de ligne, et, en sept ou huit heures de marche à travers le golfe et la rivière de Sacramento, nous atteignîmes le grand village qui porte ce nom pompeux.

Un empressé nous conduisit immédiatement au meilleur hôtel de l'endroit, lequel ne nous parut guère rassurant pour la suite de notre voyage. A peine assis à table, des hommes en blouses, d'une saleté repoussante, s'installèrent à côté de nous, et payèrent sans barguigner un dollar et demi chacun pour leur déjeuner, qui se composait de jambon, de beurre et de café au lait servi dans des jattes à chien.

Une heure après, nous partions en chemin de fer, comptant nous arrêter au premier endroit qui nous paraîtrait en valoir la peine.

La Californie nous a paru superbe, et ses magnifiques pâturages doivent permettre aux fermiers d'y faire une fortune non moins rapide que celle des mineurs.

Le passage de la *Sierra-Nevada* est extrêmement pittoresque. Toute cette partie des montagnes rocheuses est couverte de neiges éternelles, et le soleil y produit des effets de lumière fantastique ; malheureusement, on ne peut guère en jouir, car, sans compter un grand nombre de tunnels, on a été obligé de garnir presque toute la voie de hangars, destinés à empêcher la neige de s'amonceler sur les rails, et sous lesquels les trains passent constamment.

Arrivés dans l'Utah, il nous vint l'idée d'aller visiter les Mormons, et nous nous arrêtâmes à *Ogden*, où se trouvent les diligences qui conduisent à *Salt-Lake city*. Il était quatre heures du matin, la nuit encore profonde, la gare sans lumière et absolument dépourvue de porteurs, car, aux Etats-Unis, chacun doit se tirer d'affaire lui-même. Nous voilà donc portant nos effets et trimballant nos caisses, mais tandis que nous mettons nos malles en sûreté, ma valise disparaît. Qu'on juge de mon désespoir quand on apprendra qu'elle contenait l'histoire complète de mon voyage qu'il m'a fallu recommencer entièrement, deux mille francs en superbes pièces de vingt dollars que j'avais rapportées de Californie, ma lettre de crédit et mille choses dont je me servais journellement ! Je réclame partout, personne ne s'inquiète de moi. Je vais trouver le chef du bureau où j'avais laissé cette valise une demi-minute, je lui expose le fait, il répond que cela ne le regarde pas ! Je le presse davantage et ne trouve qu'une statue de bois impassible.

— Monsieur, je vous supplie de m'aider un peu.

— Que voulez-vous ?

— Cette valise était devant vous, ne l'avez-vous vu prendre par personne ?

— Non.

— Une voiture serait-elle déjà partie?

— Je ne sais pas.

— Ne pourriez-vous venir avec moi prendre des informations dans la gare?

— Je ne suis pas là pour cela.

Voyant qu'il ne me restait qu'à remercier cet employé de son amabilité, j'interrogeai un facteur de la compagnie des diligences, qui me dit qu'il croyait avoir vu mettre une valise dans le fourgon de la voiture avec les autres bagages. Je demande à la voir — impossible, la bâche est ficelée. Je pars donc pour *Salt-Lake city*, en proie aux plus amères réflexions, mais conservant encore quelque espoir.

Nous traversons d'interminables plaines sur un chemin invraisemblable. Notre cocher, remarquablement adroit, rase des ornières de quatre pieds de profondeur sans jamais y tomber, nous nageons dans des fondrières, escaladons des fossés pleins d'eau avec un incroyable bonheur, nous attendant à verser à chaque instant; les fenêtres ont été baissées afin de diminuer le danger, et chacun étudie d'avance la position qu'il prendra en cas d'accident. Tout à coup, nous sentons le vide au-dessous de nous, la voiture s'incline et la culbute se fait aux cris d'épouvante de toutes les femmes. Nous étions neuf entassés dans notre compartiment, et, comme la chute s'est faite du côté opposé à celui où j'étais, rien ne m'eût été plus facile que de me laisser doucement tomber sur le tas de corps moëlleux qui gigotaient au-dessous de moi (j'en connais même qui à ma place auraient mis le temps plus à profit); toutefois, par grandeur d'âme, je me suspendis à une courroie et, me cramponnant de mon mieux, je parvins à sortir par la fenêtre. Plusieurs personnes furent contusionnées, des robes déchirées, des montres cassées, mais fort heureusement, il n'y eut rien de grave à déplorer.

Six heures de cette marche titubante nous conduisirent sur les bords du Lac salé, auprès duquel se trouve la fameuse cité des Saints, où, bien entendu, je ne retrouvai pas ma valise.

L'endroit qu'ont choisi les Mormons pour y établir leur capitale est un des plus gracieux que l'on puisse voir. La ville de *Salt-Lake* renferme environ vingt-cinq mille habitants, et est située sur le versant d'une colline ; elle est vaste, aérée, gracieuse, proprette, gentille et ornée de mille petits torrents d'eau limpide qui traversent les rues en bouillonnant.

Chacun y paraît heureux, chacun s'y entr'aide, aussi n'y voit-on jamais de pauvres.

Je suis entré dans une foule de boutiques, jai causé avec des gens de toutes les classes de la société. « Nous sommes parfaitement heureux, me répondait-on invariablement, c'est ici le véritable paradis terrestre. » Disaient-ils vrai ? ce n'est pas à moi de le décider.

Chez les Mormons, les femmes des conditions les plus diverses travaillent également et sont fières de se rendre ainsi utiles à leurs ménages.

A la vérité, la polygamio règne parmi eux, mais, en cela comme en plusieurs autres choses, ils se rapprochent des premiers Israélites.

Au point de vue économique, cette institution est fort avantageuse, car tout le monde y gagne. Ainsi, par exemple, un aubergiste a chez lui trois servantes, en les épousant, il n'a plus besoin de leur payer de gages, et celles-ci sont rehaussées aux yeux de tous par leur dignité d'épouses du maître de la maison. Ce qu'elles faisaient pour un salaire et comme domestiques, elles le font désormais par amour, par dévouement, et par l'effet de leur seule volonté; aussi est-il curieux de voir l'attitude fière de celles qui remplissent les plus humbles fonctions.

Il ne faut pas croire que les Mormones soient de mœurs faciles, ce serait se tromper étrangement; elles peuvent, à la vérité, changer de maris, lorsque après un temps honnête, l'expérience n'a pas été satisfaisante, mais il faut pour cela une permission spéciale du grand-prêtre, et l'adultère tel qu'on le pratique en Europe y paraît extrêmement rare. A en croire les Mormons, il n'y en aurait même pas d'exemple, et la peine de mort serait infailliblement le châtiment réservé aux coupables, s'ils venaient à être connus.

On remarque près du temple de *Salt-Lake city*, un monument ovoïde ressemblant au dehors à un immense pudding, c'est le tabernacle, ou lieu des prédications. La voûte du toit se soutient sans une seule colonne, au moyen d'arcades concentriques. On nous a assuré que cette grande salle pouvait contenir seize mille personnes assises; ce chiffre me parut d'abord fabuleux, mais une série de multiplications me permit de constater qu'il n'avait rien d'exagéré.

En somme, ce que j'ai vu des Mormons m'a laissé une impression favorable; mais je ne prétends pas pour cela les soutenir contre ceux qui les connaissent mieux que moi et blâment sévèrement leurs mœurs.

Cependant, je pleurais toujours la perte de ma valise, aussi ne pus-je tenir longtemps à *Salt-Lake city*, et, après un séjour de quarante-huit heures, nous retournâmes à Ogden, espérant y trouver quelques renseignements. Nous reprîmes donc la diligence, et, la pluie aidant, il nous fallut cette fois huit heures de marche, ou plutôt de transes;

pour arriver à la station. Rien. On nous engage alors à prendre des informations dans le village voisin. Nous y courons dans un affreux cabriolet, traversons de véritables lacs, où nous sommes à demi-submergés, et nous arrivons enfin mouillés, transis, enrhumés et dans le plus piteux état. De braves gens nous offrent l'hospitalité, des places au coin du feu, des poignées de main et une omelette, mais ce fut tout ce que je pus obtenir en fait d'indications. Dès-lors, je vis qu'il fallait y renoncer, et j'en pris définitivement mon parti.

D'ailleurs, sans être absolument fataliste comme les Orientaux, je suis intimement convaincu qu'il y a un peu de fatalité dans les choses de la vie, de même qu'il y en a évidemment dans la mort. Chacun de nous est astreint à une certaine quantité de maladies et de souffrances, et s'il lui arrive parfois d'échapper à l'une d'elles, il ne peut jamais empêcher leur somme de rester la même.

On évite telle mort, mais on n'évite pas la mort. Il en est de même du reste. Aussi, lorsqu'il m'arrive un malheur, je me persuade que c'était mon tour d'en éprouver un, que si je l'avais évité je subirais l'équivalent, et cette idée me console. Dans le cas présent, je crois que si je n'avais pas été volé, je me serais cassé un bras quand la diligence a versé, j'aurais attrapé la petite-vérole ou appris une mauvaise nouvelle; bref, c'était mon tour d'avoir quelque désagrément vers cette époque.

Le lecteur me pardonnera, je l'espère, cette digression, plus ou moins philosophique, sur la fatalité dans ses rapports avec ma valise, s'il veut bien se souvenir qu'elle contenait mon manuscrit et s'il juge froidement des efforts extravagants de mémoire qu'il m'a fallu faire pour le recommencer.

Nous retournâmes donc à la station où l'on nous dit

que le premier train ne passerait que le lendemain à sept heures du matin.

— Mais, dis-je, y a-t-il ici une auberge?

— Oui, certainement.

— Où donc?

— Là, me dit-on, en me montrant un hangar de bois, encore inachevé.

Des planches étaient disposées en manière de sofas le long des murs, et c'est là qu'il nous fallut passer la nuit enveloppés dans nos couvertures de voyage. Une trentaine d'ouvriers se couchèrent pêle-mêle autour de nous, et l'on ferma la porte à double tour, de crainte que quelqu'un ne s'avisât de sortir sans payer.

N'ayant moi-même qu'une demi-confiance dans les gens qui nous entouraient, je mis ma montre et ce qui me restait d'argent sous ma tête, en guise d'oreiller; puis, malgré la dureté de mon lit, je m'endormis du sommeil du juste, tant j'étais exténué de fatigue.

Malheureusement, la pluie se mit de la partie, l'eau perça le toit et forma sur nos planches des rigoles qui nous inondèrent complétement : force nous fut de fabriquer au-dessus de nos têtes une petite tente avec nos parapluies.

Le train annoncé pour sept heures arriva à trois heures du matin et personne ne nous en aurait prévenu, si mon beau-frère n'avait eu l'esprit d'aller s'en informer entre deux cauchemars.

En quittant ce lieu de délices, on eut le front de nous réclamer à chacun un dollar et demi pour la nuit! Mais ce qui nous a étonnés le plus, ce fut de voir les voyous en guenilles que nous avions eu pour camarades de chambrée payer cette somme sans discussion.

Il est difficile de se faire une idée des gens avec les-
quels on voyage dans tout le *far west*.

Revêtus de peau de daim qu'ils ne quittent jamais, ni
jour ni nuit, d'une saleté repoussante, les cheveux et la
barbe rouges et hérissés, le *bowie-knife* a le revolver
à la ceinture, ils ressemblent à d'épouvantables bêtes
féroces. Les Indiens de l'Amérique du Sud sont d'élégants
gentlemen comparativement à ces monstres. J'ai fait
environ soixante mille lieues dans toutes les parties du
monde, nulle part je n'ai vu des hommes méritant mieux
le nom de sauvages. Ces exécrables brutes parlent haut,
crachent partout, et posent les pieds sur vos épaules.

A chaque instant, des querelles s'élèvent entre eux et
ils mettent sans cesse la main sur leurs armes. On craint
de les toucher de peur qu'ils ne mordent. Tout en
parlant ils tirent des coups de revolver de droite et de
gauche pour se faire la main. A table, si l'on apporte
une bouteille, il ne faut pas s'étonner d'entendre une
balle siffler à ses oreilles : c'est leur manière d'enlever le
bouchon.

Si l'on demande la cause d'un attroupement, ils répon-
dent : « Oh ce n'est rien, c'est un homme que l'on vient
de tuer ! »

Bref, leur société est aussi ignoble que malsaine.

Tous ces individus voyagent en première classe, et
lorsqu'on arrive à une station qui renferme un buffet, ils
se précipitent tous hors des wagons avant que le train
soit arrêté, sautent par les portes et par les fenêtres,
courent et s'emparent des places à la force du poignet.
Ainsi, dans cette course au clocher, je veux dire à
l'abreuvoir, nous arrivions toujours trop tard comme les
carabiniers d'Offenbach ; plus de table, plus de siége,
aussi étions-nous souvent forcés de rester debout, sans

pouvoir nous faire servir la moindre chose, ce qui n'empêchait pas le maître d'hôtel de nous réclamer ses deux dollars à la sortie !

Ces *roughs* (roffs) se sont avisés plusieurs fois de séparer les derniers wagons d'un train pendant la nuit, et au milieu de quelque désert, afin de pouvoir librement y violer les femmes et dévaliser les voyageurs, tandis que le reste du convoi continuait sa marche. Dans les deux cas, je n'avais pour ma part, rien à craindre ; néanmoins je crois que nous devons nous estimer heureux d'avoir fait sains et saufs ce voyage du *far west* le plus dangereux que nous ayons jamais accompli.

Quant aux Indiens, il n'en est pas question ; ils se sont retirés dans les montagnes rocheuses d'où ils ne sortent presque jamais. Habillés à l'européenne, ils ne sont reconnaissables qu'à leurs joues rouges et à leurs longs cheveux noirs plaqués sur les tempes.

En somme, on voit que le voyage du centre de l'Amérique du Nord est totalement dépourvu d'intérêt. Je parle ici du trajet que l'on fait en chemin de fer de Sacramento à Omaha, endroit où commencent réellement les États-Unis.

Arrivés à Omaha, de grandes difficultés se présentèrent pour nous, car les bagages avaient été enregistrés seulement pour cet endroit et, pour avoir les miens, il aurait fallu présenter le bulletin qui se trouvait dans ma fameuse valise ! Nous dûmes expliquer l'affaire d'Ogden à des gens qui nous prenaient nous-mêmes pour des voleurs, et détailler tous les objets que contenaient mes malles pour qu'on me les rendît. Pendant ce temps, l'omnibus chargé de conduire les voyageurs de l'autre côté du Mississipi s'en alla et nous restâmes là, à la discrétion ou plutôt à l'*indiscrétion* d'un cocher de berline qui nous demanda soixante-quinze francs pour un trajet de vingt minutes!! Il fallut bien en passer par là sous peine de rester jusqu'au lendemain à la belle étoile.

D'Omaha jusqu'à New-York le pays devient charmant, le terrain est accidenté et bien cultivé, les habitants, grâce à leur politesse, vous font oublier les roughs de l'Ouest; enfin, les usines, les fermes et les maisons de campagne que l'on rencontre de toutes parts révèlent au premier coup d'œil, le pays riche et prodigieusement industrieux que tout le monde connaît et admire.

A partir d'Omaha, on voyage dans des wagons-lits aussi splendides que confortables, et dont on n'a encore aucune idée en Europe. On les appelle *palace sleeping cars*, et ce nom, bien que pompeux, n'est pas trop exagéré. Ces wagons de la longueur de deux et demi des nôtres, se transforment la nuit en vastes dortoirs; chaque voyageur y jouit d'une alcôve, d'un véritable lit très-large, avec draps, couvertures, oreillers, etc., le tout beaucoup mieux installé que dans les meilleurs bateaux à vapeur. A chaque extrémité des wagons se trouvent des poëles et des cabinets de toilette tenus avec la plus grande propreté ; des domestiques en habit et cravate blanche se tiennent à la disposition de chacun et de petits cadres sont disposés aux chevets de chaque lit, afin que l'on puisse y glisser ses billets; de la sorte l'inspecteur ne réveille personne en faisant son service. Pendant le jour, ces lits se redressent et les peintures qui sont au-dessous contribuent à la décoration des salons. Il n'y a pas de dorure, mais toutes les boiseries sont sculptées à jour et les parties métalliques doublées d'argent. On dirait de magnifiques salles à manger Louis XIII.

La suite de notre voyage fut donc capitonnée de roses et nous arrivâmes rapidement à Chicago. Nous descendîmes dans un splendide hôtel, ce qui nous permit de nous reposer une journée ; mais, par malheur, c'était *Sunday*, les hommes étaient dans les tavernes, les magasins fermés, et nous ne pûmes apprécier cette belle ville comme elle le méritait.

Trente-six heures après, nous étions à New-York ; on voit donc qu'il nous a fallu en tout près de sept jours de marche pour nous rendre de San-Francisco à New-York ; mais je crois que l'on fera bientôt ce trajet en cinq jours, et que les fameux *palace sleeping cars* iront d'un bout à l'autre de la ligne, ce qui diminuera singulièrement les fatigues du voyage. J'ai même entendu parler de restaurants que l'on devait organiser dans chaque train express. Aux États-Unis tout le monde voyage princièrement !

Bien que nous ayons visité plusieurs fois New-York, cette troisième capitale de l'univers, nous fûmes heureux d'y prendre quelque repos et de revoir ses splendeurs : le riche Broodway, l'illustre cinquième avenue et le fantastique *central park*. Cette ravissante promenade n'offre que le tiers de la superficie du bois de Boulogne, d'après les mesures de M. Alphand, mais rien n'égale la variété de ses points de vue et les allées sont disposées avec tant d'art, qu'elle paraît immense. On parcourt les points les plus voisins sans s'en douter, et l'on ne distingue jamais ses limites. Comme dans un parc chinois, l'œil est constamment étonné par les perspectives les plus pittoresques : ce sont des bosquets fleuris, des pièces d'eau, des rivières, des ponts, des terrasses ornées de statues, des prairies, de petits bois, et tout ce que l'imagination peut concevoir de plus gracieux.

Cependant, il nous tardait de revenir à Paris et d'y revoir notre famille et nos amis, dont nous avions été séparés depuis si longtemps ; c'est pourquoi, ne voulant pas attendre une semaine le départ d'un bateau transatlantique français, nous prîmes, le 3 juin, un paquebot du *Lloyd* allemand, malgré la traversée pénible à laquelle cela nous exposait. Nous y trouvâmes beaucoup de malpropreté, des cancrelats et des fourmis innombrables, mais, contre notre attente, la nourriture y était excellente, et les provisions que nous avions cru devoir emporter nous furent tout à fait inutiles. Toutefois, la machine était menée prudemment, et il nous fallut douze mortels jours pour arriver à Southampton.

Là, on nous déclare qu'il n'y aura de bateau pour la France que trois jours après, et nous calculons que le plus court est de passer par Londres. Nous prenons donc l'express, repartons le soir même pour Douvres, et en deux heures de mer, les plus désagréables de tout notre voyage, nous arrivons à Calais et traversons à grande vitesse une contrée toute nouvelle pour nous. Dans ce singulier pays tout le monde parle français. On y voit d'étranges choses et de bien bizarres costumes ; mais c'est le pays du cœur et de l'esprit, c'est celui de la charité, de l'amitié et du dévouement ; c'est la France.

FIN